烹饪（中式烹调）专业
国家技能人才培养
工学一体化课程标准

人力资源社会保障部

中国劳动社会保障出版社

图书在版编目（CIP）数据

烹饪（中式烹调）专业国家技能人才培养工学一体化课程标准 / 人力资源社会保障部编. -- 北京：中国劳动社会保障出版社，2024. -- ISBN 978-7-5167-6299-8

Ⅰ. TS972.117

中国国家版本馆 CIP 数据核字第 2024H9H646 号

中国劳动社会保障出版社出版发行

（北京市惠新东街 1 号　邮政编码：100029）

*

北京鑫海金澳胶印有限公司印刷装订　　新华书店经销

787 毫米 ×1092 毫米　16 开本　8 印张　185 千字

2024 年 11 月第 1 版　　2024 年 11 月第 1 次印刷

定价：25.00 元

营销中心电话：400-606-6496

出版社网址：https://www.class.com.cn

https://jg.class.com.cn

人力资源社会保障部办公厅关于印发31个专业国家技能人才培养工学一体化课程标准和课程设置方案的通知

人社厅函〔2023〕152号

各省、自治区、直辖市及新疆生产建设兵团人力资源社会保障厅（局）：

为贯彻落实《技工教育“十四五”规划》（人社部发〔2021〕86号）和《推进技工院校工学一体化技能人才培养模式实施方案》（人社部函〔2022〕20号），我部组织制定了31个专业国家技能人才培养工学一体化课程标准和课程设置方案（31个专业目录见附件），现予以印发。请根据国家技能人才培养工学一体化课程标准和课程设置方案，指导技工院校规范设置课程并组织实施教学，推动人才培养模式变革，进一步提升技能人才培养质量。

附件：31个专业目录

人力资源社会保障部办公厅

2023年11月13日

附件

31 个专业目录

（按专业代码排序）

1. 机床切削加工（车工）专业
2. 数控加工（数控车工）专业
3. 数控机床装配与维修专业
4. 机械设备装配与自动控制专业
5. 模具制造专业
6. 焊接加工专业
7. 机电设备安装与维修专业
8. 机电一体化技术专业
9. 电气自动化设备安装与维修专业
10. 楼宇自动控制设备安装与维护专业
11. 工业机器人应用与维护专业
12. 电子技术应用专业
13. 电梯工程技术专业
14. 计算机网络应用专业
15. 计算机应用与维修专业
16. 汽车维修专业
17. 汽车钣金与涂装专业
18. 工程机械运用与维修专业
19. 现代物流专业
20. 城市轨道交通运输与管理专业
21. 新能源汽车检测与维修专业
22. 无人机应用技术专业
23. 烹饪（中式烹调）专业
24. 电子商务专业
25. 化工工艺专业
26. 建筑施工专业
27. 服装设计与制作专业
28. 食品加工与检验专业
29. 工业设计专业
30. 平面设计专业
31. 环境保护与检测专业

说明

为贯彻落实《推进技工院校工学一体化技能人才培养模式实施方案》，促进技工院校教学质量提升，推动技工院校特色发展，依据《〈国家技能人才培养工学一体化课程标准〉开发技术规程》，人力资源社会保障部组织有关专家制定了《烹饪（中式烹调）专业国家技能人才培养工学一体化课程标准》。

本课程标准的开发工作由人力资源社会保障部技工教育和职业培训教材工作委员会办公室、康养生活服务类技工教育和职业培训教学指导委员会共同组织实施。具体开发单位有：组长单位北京市工贸技师学院，参与单位（按照笔画排序）山东省城市服务技师学院、广州市轻工技师学院、广西商业技师学院、开封技师学院、江苏省徐州技师学院、苏州市电子信息技师学院、郑州商业技师学院、浙江商业技师学院、湖南省商业技师学院。主要开发人员有：刘明磊、潘敏、王珲、杨旭、刘雪峰、温宝莉、程三望、黎正开、刘东升、胡标、邢丙寅、郭臣、宋敏、黄懿、甘晓伟、陈军、朱长征、房四辈、金苗、樊龙龙、肖冰、何彬，其中刘明磊、潘敏为主要执笔人。

本课程标准的评审专家有：中国烹饪协会乔杰、人力资源和社会保障部教育培训中心侯玉瑞、北京烹饪协会云程、北京便宜坊烤鸭集团孙立新、北京稻香湖景酒店刘建民、北京华夏捷瑞教育科技有限公司朱永亮、中国物流与采购联合会张晓梅、北京劲松职业高中向军。

在本课程标准的开发过程中，中国人力资源和社会保障出版集团提供了技术支持并承担了编辑出版工作。此外，在本课程标准的试用过程中，技工院校一线教师、相关领域专家等提出了很好的意见建议，在此一并表示诚挚的谢意。

本课程标准业经人力资源社会保障部批准，自公布之日起执行。

目　录

一、专业信息…………………………………………………………………… 1
（一）专业名称 ……………………………………………………………… 1
（二）专业编码 ……………………………………………………………… 1
（三）学习年限 ……………………………………………………………… 1
（四）就业方向 ……………………………………………………………… 1
（五）职业资格 / 职业技能等级 ………………………………………… 1

二、培养目标和要求………………………………………………………… 2
（一）培养目标 ……………………………………………………………… 2
（二）培养要求 ……………………………………………………………… 3

三、培养模式…………………………………………………………………… 12
（一）培养体制 ……………………………………………………………… 12
（二）运行机制 ……………………………………………………………… 13

四、课程安排…………………………………………………………………… 15
（一）中级技能层级工学一体化课程表（初中起点三年） ……………… 15
（二）高级技能层级工学一体化课程表（高中起点三年） ……………… 15
（三）高级技能层级工学一体化课程表（初中起点五年） ……………… 16
（四）预备技师（技师）层级工学一体化课程表（高中起点四年） …… 16
（五）预备技师（技师）层级工学一体化课程表（初中起点六年） …… 17

五、课程标准…………………………………………………………………… 17
（一）烹饪原料加工课程标准 ……………………………………………… 17
（二）基础热菜制作课程标准 ……………………………………………… 26

（三）基础冷菜制作课程标准 …………………………………………… 36
（四）基础雕刻与菜肴装饰课程标准 ……………………………………… 45
（五）复杂热菜制作课程标准 …………………………………………… 53
（六）复杂冷菜制作课程标准 …………………………………………… 62
（七）整型雕刻与盘饰制作课程标准 ……………………………………… 71
（八）基础宴席菜单设计课程标准 ………………………………………… 77
（九）特色热菜制作课程标准 …………………………………………… 84
（十）特色冷菜制作课程标准 …………………………………………… 92
（十一）主题雕刻设计与制作课程标准 …………………………………… 100
（十二）主题宴席设计与制作课程标准 …………………………………… 107

六、实施建议…………………………………………………………………… 115
（一）师资队伍 ………………………………………………………… 115
（二）场地设备 ………………………………………………………… 115
（三）教学资源 ………………………………………………………… 116
（四）教学管理制度 …………………………………………………… 117

七、考核评价…………………………………………………………………… 117
（一）综合职业能力评价 ……………………………………………… 117
（二）职业技能评价 …………………………………………………… 117
（三）毕业生就业质量分析 …………………………………………… 118

一、专业信息

（一）专业名称

烹饪（中式烹调）

（二）专业编码

烹饪（中式烹调）专业中级：0501-4

烹饪（中式烹调）专业高级：0501-3

烹饪（中式烹调）专业预备技师（技师）：0501-2

（三）学习年限

烹饪（中式烹调）专业中级：初中起点三年

烹饪（中式烹调）专业高级：高中起点三年、初中起点五年

烹饪（中式烹调）专业预备技师（技师）：高中起点四年、初中起点六年

（四）就业方向

中级技能层级：面向餐饮行业，针对政府机关和企事业单位餐饮服务部门、星级酒店、品牌连锁餐饮集团、创新型餐饮企业等类型单位，适应中餐厨房的切配厨师、打荷厨师、冷菜厨师助理、热菜厨师助理等工作岗位要求，胜任烹饪原料加工、基础热菜制作、基础冷菜制作、基础雕刻与菜肴装饰等工作任务。

高级技能层级：面向餐饮行业，针对政府机关和企事业单位餐饮服务部门、星级酒店、品牌连锁餐饮集团、创新型餐饮企业等类型单位，适应中餐厨房的冷菜厨师、热菜厨师、冷菜主管助理、热菜主管助理等工作岗位要求，胜任复杂热菜制作、复杂冷菜制作、整型雕刻与盘饰制作、基础宴席菜单设计等工作任务。

预备技师（技师）层级：面向餐饮行业，针对政府机关和企事业单位餐饮服务部门、星级酒店、品牌连锁餐饮集团、创新型餐饮企业等类型单位，适应中餐厨房的冷菜厨师主管、热菜厨师主管、厨师长助理等工作岗位要求，胜任特色热菜制作、特色冷菜制作、主题雕刻设计与制作、主题宴席设计与制作等工作任务。

（五）职业资格 / 职业技能等级

烹饪（中式烹调）专业中级：中式烹调师四级 / 中级工

烹饪（中式烹调）专业高级：中式烹调师三级 / 高级工

烹饪（中式烹调）专业预备技师（技师）：中式烹调师二级 / 技师

二、培养目标和要求

（一）培养目标

1. 总体目标

培养面向餐饮行业，针对政府机关和企事业单位餐饮服务部门、星级酒店、品牌连锁餐饮集团、创新型餐饮企业等类型单位，适应中餐厨房的切配厨师、打荷厨师、冷菜厨师助理、热菜厨师助理、冷菜厨师、热菜厨师、冷菜主管助理、热菜主管助理、冷菜厨师主管、热菜厨师主管、厨师长助理等工作岗位要求，胜任烹饪原料加工、基础热菜制作、基础冷菜制作、基础雕刻与菜肴装饰、复杂热菜制作、复杂冷菜制作、整型雕刻与盘饰制作、基础宴席菜单设计、特色热菜制作、特色冷菜制作、主题雕刻设计与制作、主题宴席设计与制作等工作任务，掌握餐饮业法律法规、行业标准，掌握菜品标准、烹饪原料的市场开发与烹调试用、烹调新设备及新技术的应用、厨房管理、菜品研发及营销服务等最新技术标准及其发展趋势，具备自主学习、自我管理、信息检索、理解与表达、交往与合作、创新思维、解决问题等通用能力，安全意识、营养卫生意识、规范意识、效率意识、成本意识、环保意识、质量意识、市场意识、服务意识、美学素养等职业素养，以及文化自信、劳模精神、劳动精神、工匠精神等思政素养的技能人才。

2. 中级技能层级

培养面向餐饮行业，针对政府机关和企事业单位餐饮服务部门、星级酒店、品牌连锁餐饮集团、创新型餐饮企业等类型单位，适应中餐厨房的切配厨师、打荷厨师、冷菜厨师助理、热菜厨师助理等工作岗位要求，胜任烹饪原料加工、基础热菜制作、基础冷菜制作、基础雕刻与菜肴装饰等工作任务，掌握餐饮业法律法规、行业标准，掌握菜品标准等最新技术标准及其发展趋势，具备自主学习、自我管理、信息检索、理解与表达、交往与合作、创新思维、解决问题等通用能力，安全意识、营养卫生意识、规范意识、效率意识、成本意识、环保意识、质量意识、市场意识、服务意识、美学素养等职业素养，以及文化自信、劳模精神、劳动精神、工匠精神等思政素养的技能人才。

3. 高级技能层级

培养面向餐饮行业，针对政府机关和企事业单位餐饮服务部门、星级酒店、品牌连锁餐饮集团、创新型餐饮企业等类型单位，适应中餐厨房的冷菜厨师、热菜厨师、冷菜主管助理、热菜主管助理等工作岗位要求，胜任复杂热菜制作、复杂冷菜制作、整型雕刻与盘饰制作、基础宴席菜单设计等工作任务，掌握本行业烹饪原料的市场开发与烹调试用、烹调新设备及新技术的应用等最新技术标准及其发展趋势，具备自主学习、自我管理、信息检索、理解与表达、交往与合作、创新思维、解决问题等通用能力，安全意识、营养卫生意识、规范意识、效率意识、成本意识、环保意识、质量意识、市场意识、服务意识、美学素养等职业素养，以及文化自信、劳模精神、劳动精神、工匠精神等思政素养的技能人才。

4. 预备技师（技师）层级

培养面向餐饮行业，针对政府机关和企事业单位餐饮服务部门、星级酒店、品牌连锁餐饮集团、创新型餐饮企业等类型单位，适应中餐厨房的冷菜厨师主管、热菜厨师主管、厨师长助理等工作岗位要求，胜任特色热菜制作、特色冷菜制作、主题雕刻设计与制作、主题宴席设计与制作等工作任务，掌握本行业厨房管理、菜品研发及营销服务等最新技术标准及其发展趋势，具备自主学习、自我管理、信息检索、理解与表达、交往与合作、创新思维、解决问题等通用能力，安全意识、营养卫生意识、规范意识、效率意识、成本意识、环保意识、质量意识、市场意识、服务意识、美学素养等职业素养，以及文化自信、劳模精神、劳动精神、工匠精神等思政素养的技能人才。

（二）培养要求

烹饪（中式烹调）专业技能人才培养要求见下表。

烹饪（中式烹调）专业技能人才培养要求表

培养层级	典型工作任务	职业能力要求
中级技能	烹饪原料加工	1. 能独立阅读并理解任务单，明确所需烹饪原料的类型和特点、初加工和成型的质量、分量要求以及组配的出品要求。具备沟通交流、信息检索等通用能力。 2. 能通过信息检索，了解加工原料的特性、相应的加工技法（刀法），熟练掌握刀工技艺。具备自主学习、效率意识、成本意识、标准意识等通用能力和素养。 3. 能独立叙述蔬菜类、畜禽类、水产类和干货类原料的初加工、成型和组配的工艺流程（加工工序、成型程序、成品特点、加工关键），并列出工具和材料，以独立或小组合作方式，根据标准菜谱和顾客的合理要求制订工作计划，确定烹饪原料加工流程，并完成工作前的准备。具备安全意识、食品卫生意识、质量意识、吃苦耐劳等素养。 4. 能在教师指导下，在规定时间内按照烹饪原料加工相关安全卫生操作规范和质量要求，对蔬菜类、畜禽类、水产类和干货类原料进行品质鉴别、择洗、宰杀、整理、切割、涨发；根据家禽类和鱼类原料的部位特点进行分档、取料；使用直刀法、平刀法、斜刀法等刀法将原料加工成块、段、片、条、丝、粒，并控制长宽、薄厚等尺寸；运用剞刀法在原料表面切或片一些不同花纹而不断料；根据原料和菜肴制作特点，选择主料和辅料，确定分量，搭配颜色和形状，配制多种原料的菜品，独立完成烹饪原料加工任务，并在加工过程中注意节约原料，减少浪费。具备诚信敬业、成本

续表

培养层级	典型工作任务	职业能力要求
	烹饪原料加工	意识、规范意识等素养。 5. 能在教师指导下，根据烹饪原料加工质量标准和食品安全检验标准，独立对加工后的净料进行卫生、规格、形状、保鲜储存等方面的质量自检；经教师检验合格后，将净料交付后续岗位开展下一步工作。具备环保意识、节约意识等素养。 6. 能遵守食品行业从业人员操作卫生规范及标准，按照企业“6S”管理制度收档，工具归位，对工作面及工作区域进行清扫整理，具备良好的卫生习惯与职业素养。根据综合质量评价反馈，依据初加工、刀工成型和配菜的工作要求和标准，在教师指导下对工作过程和成品进行总结反思，思考存在的问题，与教师和同学沟通交流，寻求解决方法。 7. 能整理常见原料加工特性和方法、不同刀法和原料组配的操作要点；总结工作过程中避免原料浪费的技巧，保证出成率，参与成本控制；遵守职业道德和相关餐饮业法律法规要求，保持良好的工作习惯和卫生习惯。
中级技能	基础热菜制作	1. 能读懂任务单，与相关人员沟通任务细节，识别任务要素，明确炒、炸、烧、煮、蒸、氽、熘、烩、煎、焖、爆等技法的制作工艺特点、成品特点和典型菜品、出餐时间、数量、分量等具体要求。具备沟通交流、信息检索等通用能力。 2. 能根据企业作业规程和菜品生产的安全、卫生及质量要求，选择合适的工具和切配好的净料；在教师指导下制订工作计划，说明热菜制作的工艺流程，明确自己的任务并合理规划时间。具备团队合作、安全意识、食品卫生意识、效率意识、成本意识、标准意识等通用能力和素养。 3. 能依据任务单，根据企业操作规程和菜品质量标准要求，准确识别粉、浆、糊类原料的种类、特点及变化原理；掌握菜品烹制中有关火候、调味、勾芡等环节的关键技巧；在教师指导下，能对常见原料进行预制加工，包括简单味型（咸鲜味、酸甜味等）的调配，简单调浆、制糊和勾芡、挂糊和上浆，以及预熟处理等；能独立运用炒、炸、烧、煮、蒸、氽、熘、烩、煎、焖、爆等基础技法制作常见菜肴；能独立运用堆、托、扣、浇、摆等方法进行盛装及点缀等。具备安全意识、食品卫生意识、质量意识、规范意识、效率意识等素养。 4. 能依据菜品质量和卫生要求，从火候、芡汁、调味等关键技术点的控制与运用等角度，采用目视、品尝等感官检验方法，检查菜品的品相、品味、品质等，核对顾客的个性化需求，并将菜品交付教师复核验收。具备质量意识、诚信敬业等素养。 5. 能按照企业管理规范与安全卫生要求等收档，妥善保管剩余的各种成

续表

培养层级	典型工作任务	职业能力要求
	基础热菜制作	品和半成品；分类整理、清洗消毒和归位各类用具，整理工作场所；正确规范填写工作记录单。具备环保意识、成本意识、自我管理、沟通交流、解决问题等通用能力与素养。 6. 能严格遵守职业道德，遵守餐饮卫生、劳动保护等相关规定，合理计划成本，避免浪费；能针对质量反馈中提出的问题，与教师和同学沟通交流，思考解决的方法，并按照基础热菜制作的工作标准对工作过程的各个环节进行总结。
中级技能	基础冷菜制作	1. 能识读冷菜制作任务单，明确拌、炝、卤、酱、泡、腌等冷菜制作技法和拼盘的主要类型、工艺特点、典型菜品和口味特征，明确菜品用料、口味、分量、外观等出品要求和数量、时间等工作要求。具备沟通交流、信息检索等通用能力。 2. 能在教师指导下，整理菜品主辅料用量和质量要求的清单，选择适合的工具、用具、设备和盛器；明确熟制处理、加工调味、拼摆成型等工艺流程，掌握拌、炝、卤、酱、泡、腌等工艺的火候、调味要点；进行单拼、双拼、什锦拼的色彩搭配和图案设计；完成基础冷菜制作工作计划和人员的分工安排。具备安全意识、食品卫生意识、成本意识、效率意识、标准意识等素养。 3. 能遵守餐饮卫生、劳动保护等相关规定，按照企业规范进入工作区域；在教师指导下，领用原料并进行质量鉴别；运用蒸煮、浸泡等方法完成工具、设备、盛器等的消毒；使用常用调味料调制咸香、葱油、麻辣、红油、蒜泥、糖醋和姜汁等符合出品要求的味汁；使用拌、炝、卤、酱、泡、腌等技法完成冷菜主辅料的预制加工，掌握火候、时间和主料熟度控制的方法；使用排、堆、叠、围、摆、覆等手法，采用两三种原料进行直线、斜线、叶形等造型的拼盘制作，把握色彩、尺度的控制要点；运用预制味汁或现调味汁，采用拌、浇、淋、蘸等手法对菜品进行调味；使用量、称、尝、闻、蘸等方法完成菜品的质量控制；根据工作计划，在规定时间内完成符合相关标准和要求的基础冷菜制作。具备安全意识、食品卫生意识、质量意识、规范意识、效率意识等素养。 4. 能依据出品要求，通过看、闻、尝等感官检验方法和使用仪器称重量、测温度、测规格等客观检测法，对菜品的卫生、刀工、味道、拼摆图形、色彩搭配、尺寸比例等进行质量自检，并交付教师复核验收。具备审美意识、诚信敬业等素养。 5. 能根据企业管理要求对剩余原料和边角料等进行有效处置；依据 GB/T 28739—2012《餐饮业餐厨废弃物处理与利用设备》的规定，对厨余垃圾进

续表

培养层级	典型工作任务	职业能力要求
中级技能	基础冷菜制作	行科学分类，保护环境；按照企业“6S”管理制度完成工具设备清洗归位、环境卫生整理等收档工作；针对质量反馈意见，与教师和同学沟通交流提出解决措施，整理拌、炝、卤、酱、泡、腌的工艺流程和操作要点。具备环保意识、安全意识、食品卫生意识、成本意识、自我学习等通用能力和素养。
	基础雕刻与菜肴装饰	1. 能读懂任务单，明确花卉和简单装饰的制作工艺特点和成品质量标准，明确用料和数量、时间等工作要求。具备沟通交流、信息检索等通用能力。 2. 能查阅参考资料，独立整理雕刻和装饰所需蔬菜和水果等原料、工具清单并说明用量和质量要求，正确用料，避免浪费；在教师指导下进行简单的图样构思，根据出品要求独立确定直刻、旋刻、戳、切削、切刻、切卡、水泡、扦插、卷、包等工艺流程、加工工序、成型程序、成品特点、加工关键或质量要求，把握雕刻工具和刀法技术要点；制订雕刻和装饰制作计划。具备审美意识、成本意识、效率意识、标准意识等素养。 3. 能根据工具性能规范使用各种雕刻工具，使用直刀、削刀、刻刀、旋刀、戳刀等刀法进行简易花卉雕刻；运用切削、切刻、切卡、水泡、扦插、卷、包等手法进行简易装饰的制作；采用冷水浸泡法、低温保藏法等对雕刻和装饰成品进行保鲜；能严格执行企业作业规程和餐饮行业管理要求，操作过程安全规范。具备审美意识、质量意识、规范意识、食品卫生意识等素养。 4. 能采用目视、触摸等方法，运用烹饪美学知识对花卉造型、比例和装饰形态、颜色搭配、表现形式等方面进行检查，并按照质量标准对成品进行检测；能阐述成品制作过程和自检结果，听取教师和同学的反馈。具备审美意识、诚信敬业等素养。 5. 能遵守食品行业从业人员相关操作卫生要求及标准，按照企业“6S”管理制度收档，余料送还，工具归位，对工作台面及工作区域进行清扫整理，具备良好的卫生习惯；能根据综合质量评价反馈，依据基础雕刻与菜肴装饰的加工标准，在教师的引导下对工作过程和成品进行总结反思，思考存在的问题，与教师和同学沟通交流，寻求解决方法。具备环保意识、节约意识、总结反思、归纳整理等通用能力和素养。
高级技能	复杂热菜制作	1. 能独立阅读任务单，明确扒、煽、煨、贴、炖、拔丝、蜜汁等技法的制作工艺特点、典型菜品、出餐时间和顾客要求。具备沟通交流、信息处理、文化传承等通用能力和素养。 2. 能根据企业作业规程和安全卫生要求，鉴别与选择合适的中高档干货原料、鲜活原料；明确扒、煽、煨、贴、炖、拔丝、蜜汁等烹调技法的工

续表

培养层级	典型工作任务	职业能力要求
高级技能	复杂热菜制作	艺流程和火候、调味等控制要点；配合团队制订工作计划，并明确自己及团队成员的分工和要求。具备法治意识、营养均衡意识、效率意识、数字应用等通用能力和素养。 3. 能根据菜肴制作要求对烹饪原料进行规范加工、切配，进行复杂调浆、制糊、勾芡、挂糊、上浆、制汤等预制加工；运用调色、调味、调香、调质技术，使用扒、煽、煨、贴、炖、拔丝、蜜汁等烹饪技法制作菜肴；运用排、覆、堆、贴等方法进行盛装及点缀等。具备质量意识、创新意识、精益求精等素养。 4. 能依据菜品质量和卫生要求，从火候、芡汁、调味等关键技术的控制与运用等角度，采用目视、品尝等感官检验方法，检查菜品的色、香、味、形、质、量、营、卫、器等综合质量，核对顾客的个性化需求，并将菜品交付教师复核验收。具备质量意识、诚实守信等素养。 5. 能按照企业安全卫生要求，协同团队成员妥善保管剩余的各种原料和半成品；规范处理厨余垃圾；分类整理、清洗消毒、归位和保养各类设备和工具，整理工作场所；规范填写工作记录。具备解决问题、规范意识、节约意识、环保意识等通用能力和素养。 6. 能严格遵守职业道德，遵守餐饮卫生、劳动保护等相关规定，合理计划成本，避免浪费；能与团队成员沟通，针对反馈的问题提出解决措施，对工作过程的各个环节进行总结与反思。
	复杂冷菜制作	1. 能识读冷菜制作任务单，明确熏、糟、凝冻、挂霜、琉璃、酒醉等冷菜制作技法和花色拼盘、果盘的主要类型、工艺特点、典型菜品和口味特征，明确菜品用料、口味、分量、外观等出品要求和数量、时间等工作要求。具备沟通交流、信息处理、文化传承等通用能力和素养。 2. 能根据任务单要求，独立整理菜品主辅料用量和质量要求的清单，选择适合的工具、设备和盛器；独立整理初加工和细加工、熟制处理、加工调味、拼摆成型的工艺流程，掌握熏、糟、凝冻、挂霜、琉璃、酒醉等技法的火候、调味要点；能进行半立体花色拼盘和果盘制作的色彩搭配和图案设计；选择合适的工具和材料，分配工作时间，确定工作计划。具备成本意识、效率意识、法治意识、标准意识等素养。 3. 能遵守餐饮卫生、劳动保护等相关规定，按照企业规范进入工作区域；根据工作计划，独立领用原料并进行质量鉴别；运用蒸煮、浸泡等方法完成工具、设备、盛器等的消毒；使用加工技术将原料加工成符合出品要求的半成品；调制符合出品要求的各种味型的味汁；使用熏、糟、凝冻、挂霜、琉璃、酒醉等技法高质量地完成冷菜主辅料的预制加工；使用排、堆、

续表

培养层级	典型工作任务	职业能力要求
高级技能	复杂冷菜制作	叠、围、摆、覆等手法，采用四种荤料、三种素料进行花鸟鱼虫等半立体花色拼盘制作，把握色彩搭配、尺度比例的要领；采用拌、浇、淋、蘸等手法进行调味；使用量、称、尝、闻、蘸等方法完成菜品的质量控制；根据工作计划，控制好工作时间，在规定时间内完成符合相关标准和要求的复杂冷菜制作。具备诚信敬业、安全高效、成本意识、质量意识、规范意识、创新意识等素养。 4. 能依据出品要求，通过看、闻、尝等感官检验方法和使用仪器称重量、测温度、测规格等客观检测法独立对菜品的卫生、刀工、味道、重量、拼摆图形、色彩搭配、尺寸比例等进行质量自检，根据自检意见，独立进行完善并交付。具备审美意识、效率意识、客观公正等素养。 5. 能根据企业管理要求对剩余原料和边角料等进行有效处置，对使用后的冷菜制作间进行清扫整理，对制作工具和设备进行清洗、消毒和归位，按照企业“6S”管理制度高效完成收档；能从外观、口感、味道、分量等方面收集质量反馈意见；记录菜品制作过程中出现的问题，独立提出解决措施，合理计划成本，避免浪费；提炼熏、糟、凝冻、挂霜、琉璃、酒醉等技法的工作流程和操作要点。具备总结归纳、安全意识、食品卫生意识、节约意识、精益求精等通用能力和素养。
	整型雕刻与盘饰制作	1. 能读懂任务单，明确花卉、禽鸟、鱼虫等雕刻和盘饰造型特征、成品质量标准，明确用料和数量、时间等工作要求等。具备沟通交流、信息处理、文化传承等通用能力和素养。 2. 能查阅参考资料，独立整理原料、工具清单并说明用量和质量要求，合理用料，做到物尽其用；能确定花卉、禽鸟、鱼虫等雕刻和盘饰造型设计图案、工艺流程、雕刻要点或制作要求，结合任务需求进行人员分工，制订工作计划。具备审美意识、成本意识、效率意识、标准意识等素养。 3. 能使用整雕、零雕整装等技法进行花卉、禽鸟、鱼虫等的雕刻，并对成品组装、摆放进行装饰；使用切拼、雕戳、排列等手法进行全围式、居中式盘饰制作；对雕刻和装饰成品采取正确的保鲜措施，操作过程安全规范。具备安全意识、创新意识、精益求精等素养。 4. 能采用目视、测量等方法对雕刻和盘饰造型、比例和装饰形态、颜色搭配、表现形式等方面进行检查，并按照质量标准对成品进行检测；能阐述成品制作过程和自检结果，听取教师和同学的反馈并进行记录。具备诚信敬业、质量意识等素养。 5. 能遵守食品行业从业人员相关操作卫生要求及标准，按照企业“6S”管理制度收档，具备良好的卫生习惯；能根据综合质量评价反馈，依据整

续表

培养层级	典型工作任务	职业能力要求
高级技能	整型雕刻与盘饰制作	型雕刻与盘饰制作的加工标准，独立对工作过程和技术要点进行总结反思，记录要点，持续改进。具备环保意识、节约意识等素养。
	基础宴席菜单设计	1. 能读懂任务单，确定用餐人数、宴席预算、原料和口味偏好等要求，明确工作内容。具备沟通交流、信息处理、文化传承、服务意识等通用能力和素养。 2. 能根据企业作业规程，整理菜品原料、口味、烹调方法、上菜顺序的选择原则和方法；明确团队工作人员和岗位分工，制订工作计划。具备自主学习、成本意识、效率意识、营养均衡意识、审美意识等通用能力和素养。 3. 能依据宴席类型、预算和企业供应能力，确定宴席档次和冷菜、热菜、面点的比例及数量；根据市场原料、厨师水平、顾客偏好等因素选择冷菜、热菜、汤菜、面点和水果品种，确定烹制方式和口味；设计宴席菜品造型和颜色搭配，排布冷菜、热菜、汤菜、面点等上菜顺序，形成宴席菜单。具备与人合作、自我管理、诚信敬业、自主创新等通用能力和素养。 4. 能计算宴席成本，结合宴席预算和顾客需求，对热菜、冷菜和面点的数量、品种、原料、口味进行检查；在教师指导下，说明宴席菜单构成和菜肴特色，并依据反馈意见调整菜单。具备统筹安排、协调沟通、创新意识等通用能力和素养。 5. 能分析对宴席菜单的反馈意见，提出调整措施并修改菜单。具备倾听反馈、总结反思等通用能力。
预备技师（技师）	特色热菜制作	1. 能根据任务单准确分析特色菜品口味、食材及顾客个性化要求，查阅与菜肴相关的传统文化、历史典故等信息；必要时与教师沟通，明确顾客订单中特色菜品的选材、味型、制作工艺、成品特点等方面要求。具备沟通交流、信息处理、文化自信等通用能力和素养。 2. 能根据企业作业规程和安全卫生要求，选择合格的特色食材、调料；整理菜品制作流程，明确预制加工方式，整理烹调技法要点，确定味型调制和调味方法；安排团队人员分工，确定工作时间安排，制订工作计划，明确制作过程中的注意事项。具备解决问题、团结协作、统筹计划等通用能力。 3. 能根据菜肴制作要求，组织不同岗位人员对原料进行恰当初加工、细加工和预制加工，依据地域风味要求进行特色味型调制，如川菜调味多变，善用三椒（麻椒、辣椒、胡椒）调味；鲁菜以盐提鲜，以汤壮鲜，善用面酱，葱香突出；粤菜选料严格，追求本味和锅气，少用辛辣，讲究五滋六味；苏菜组配严谨，刀法精妙，清鲜平和，咸中带甜。具备自主学习、解决问题、追求卓越、创新精神等通用能力和素养。

续表

培养层级	典型工作任务	职业能力要求
预备技师（技师）	特色热菜制作	4. 能根据企业操作规程和风味菜肴质量标准要求，正确运用各种调料，灵活掌握调色、调味、调香、调质等技法；运用特色烹调技法完成川菜、鲁菜、粤菜、苏菜四大中国传统风味和本地域经典热菜的制作；指导团队成员合理运用堆、托、扣、浇、摆或排、覆、堆、贴等方法进行盛装和点缀等。具备解决问题、追求卓越、创新精神等通用能力和素养。 5. 能依据特色菜品质量和卫生要求，采用目视、品尝等感官检验方法检查菜品的品相、品味、品质等，核对顾客的个性化需求，用专业标准核对菜品风味达成度，自检合格后将菜品交付教师验收。具备诚信敬业、质量管理与控制等通用能力和素养。 6. 能按照企业安全卫生要求，指导团队成员妥善保管各种原料和半成品等，规范处理厨余垃圾，分类整理、清洗消毒、归位和保养各类设备和工具，整理工作场所，规范填写工作记录。具备自我管理、与人合作、规范意识、国际视野等通用能力和素养。 7. 能严格遵守职业道德，遵守餐饮卫生、劳动保护等相关规定；能及时总结特色菜品生产过程的经验，针对问题，带领团队讨论分析并加以解决；重视评价反馈，关注前沿动态，不断进行产品优化改良与拓展创新，能对本地域或中国传统四大菜系中的经典热菜菜品有所创新。
	特色冷菜制作	1. 能识读、分析冷菜制作任务单，明确川菜、鲁菜、粤菜、苏菜菜系经典冷菜的历史文化、菜品特征、口味特点和制作工艺流程，明确菜品用料、口感、外观、味型等出品要求和数量、时间等工作要求。具备沟通交流、信息处理、文化自信等通用能力和素养。 2. 能根据任务单要求，独立或指导他人整理经典冷菜主辅料清单并说明主料选材要求、用量和成本，列明初加工、细加工、预熟处理、烹制调味、拼摆成型的工艺流程；整理并明确川菜、鲁菜、粤菜、苏菜经典冷菜特色原料处理、制作工艺、味型调配的特点和注意事项；进行立体花色拼盘（位上）的色彩搭配和图案设计；选择合适的工具和材料，合理分配工作时间，制订工作计划。具备成本意识、效率意识、市场意识、创新思维等素养。 3. 能遵守餐饮卫生、劳动保护等相关规定，按企业规范进入工作区域；能根据工作计划，独立领用原料并进行质量鉴别；运用蒸煮、浸泡等方法完成工具、设备、盛器等的消毒；使用加工技术将原料加工成符合出品要求的片、丝、块、条等形状的半成品；调制川式红卤、白卤、油卤和广式白卤、精卤等卤水；控制火候、烹调时间，采用炸收、蒸焖等多种烹调方法和多道工序对原料进行烹制；使用拼摆手法进行立体花色拼盘（位上）制作，把握好图案、色彩、比例的控制要点；调制红油、怪味、泡椒、酸

续表

培养层级	典型工作任务	职业能力要求
预备技师（技师）	特色冷菜制作	辣等川菜、鲁菜、粤菜、苏菜菜系特色味汁；根据工作计划，控制好工作时间，在规定时间内完成符合相关标准和要求的特色冷菜制作。具备团结协作、节约意识、质量意识、诚信敬业、创新意识等通用能力和素养。 4. 能依据出品要求，通过看、尝、闻等感官检验方法和使用仪器称重量、测温度、测规格等客观检测法，独立对菜品的刀工、调味的精细程度和菜品的分量、色彩搭配、尺寸比例等进行质量自检，针对发现的不足，独立进行完善并交付教师复核。具备审美意识、质量管理、风险控制等素养。 5. 能对使用后的冷菜制作间进行清扫，对制作工具和设备进行清洗、消毒和归位，根据企业“6S”管理制度高效完成收档和实训环境卫生的清理整顿；能从外观、口感、味道、分量等方面收集反馈意见；记录菜品制作过程中出现的问题，独立提出解决措施，合理计划成本，避免浪费，整理川菜、鲁菜、粤菜、苏菜经典冷菜制作流程和制作要点。具备守正创新、精益求精等素养。
	主题雕刻设计与制作	1. 能读懂任务单，与教师沟通植物、器物、禽鸟、瑞兽主题图案的雕刻特点、典型案例、主题形象和使用场合，确定制作预算、数量、时间等工作要求。具备沟通交流、信息处理、文化自信等通用能力及素养。 2. 能查阅参考资料，独立整理原料、工具清单并把握用量和质量要求，合理用料，因材施技；进行植物、器物、禽鸟、瑞兽等主题图案的设计，整理雕刻制作工艺流程、雕刻要点或制作要求，进行人员分工和时间安排，制订工作计划。具备审美意识、协作意识、效率意识、市场意识等素养。 3. 能使用整雕、零雕整装等技法进行植物、器物、禽鸟、瑞兽主题图案的雕刻创作，并对造型特征、雕刻比例、色彩搭配进行调整，完成组装、摆放。具备团队精神、协作意识、过程控制、解决问题、创新思维等通用能力及素养。 4. 能采用目视、测量等方法对雕刻作品造型、比例和装饰形态、颜色搭配、表现形式等方面进行检查，并按照质量标准对成品进行检测；能使用低温保藏法、冷水浸泡法、喷水保鲜法等保管方法保管雕刻和装饰成品；能听取教师反馈并对作品进行改进。具备诚信敬业、审美意识、标准意识、服务意识等素养。 5. 能在规定时间内独立或合作完成雕刻作品的制作，按照标准对成品进行测评；遵守餐饮卫生、劳动保护等相关规定，按企业规范进入工作区域，操作结束后按照标准整理清扫工作区域；结合任务主题及成品质量，独立对工作过程、技术要点、主题造型设计细节等进行总结反思，创新改进。具备环保意识、守正创新、精益求精等素养。

续表

培养层级	典型工作任务	职业能力要求
预备技师（技师）	主题宴席设计与制作	1. 能读懂任务单，明确宴席规模、预算、顾客类型等基本信息和饮食风俗、菜式风格、口味偏好等个性化需求。具备沟通交流、信息处理、文化自信、服务意识等通用能力和素养。 2. 能依据宴席消费标准和顾客需求确定宴席菜点数量和桌数，计算成本并确定宴席菜单档次；选择适当冷菜、热菜、汤菜和面点进行组配并确认上菜顺序，设计宴席菜单；与顾客沟通，修订宴席菜单后提交至厨师长，准备组织生产；协调采购原材料，选择工具和设备，合理分配工作时间，制订工作计划。具备统筹安排、协调沟通、自主管理、创新思维、市场意识、成本控制、主题宴席设计元素的和谐搭配意识等通用能力和素养。 3. 能根据企业操作规程和菜品质量标准要求，组织原料准备和加工，按上菜顺序，运用冷菜、热菜烹调方法制作菜品，控制菜品制作火候，准确调味，并进行盛装、点缀和拼装，把控菜品数量和出菜顺序。具备团结协作、过程控制、质量管理、精益求精等通用能力和素养。 4. 能依据菜品质量和卫生要求，采用目视、品尝等感官检验方法，检查菜品外观、口味和熟制程度；监控菜品的数量和出餐顺序，控制出品节奏。具备诚信敬业、精益求精等素养。 5. 能在宴席结束后收集反馈意见并提出改进措施；按照企业安全和卫生要求收档，工具归位，整理工作场所。具备沟通交流、精益求精等通用能力和素养。 6. 能严格遵守职业道德、餐饮卫生、劳动保护等相关规定，合理计划成本，避免浪费。

三、培养模式

（一）培养体制

依据职业教育有关法律法规和校企合作、产教融合相关政策要求，按照技能人才成长规律，紧扣本专业技能人才培养目标，结合学校办学实际情况，成立专业建设指导委员会。通过整合校企双方优质资源，制定校企合作管理办法，签订校企合作协议，推进校企共创培养模式、共同招生招工、共商专业规划、共议课程开发、共组师资队伍、共建实训基地、共搭管理平台、共评培养质量，实现本专业高素质技能人才的有效培养。

（二）运行机制

1. 中级技能层级

中级技能层级宜采用“学校为主、企业为辅”的校企合作运行机制。

校企双方根据烹饪（中式烹调）专业中级技能人才特征，建立适应中级技能层级的运行机制。一是结合中级技能层级工学一体化课程以执行定向任务为主的特点，研讨校企协同育人方法路径，共同制定和采用“学校为主、企业为辅”的培养方案，共创培养模式；二是发挥各自优势，按照人才培养目标要求，以初中生源为主，制订招生招工计划，通过开设企业订单班等措施，共同招生招工；三是对接本领域行业协会和标杆企业，紧跟本产业发展趋势、技术更新和生产方式变革，紧扣企业岗位能力最新要求，以学校为主推进专业优化调整，共商专业规划；四是围绕就业导向和职业特征，结合本地本校办学条件和学情，推进本专业工学一体化课程标准校本转化，进行学习任务二次设计、教学资源开发，共议课程开发；五是发挥学校教师专业教学能力和企业技术人员工作实践能力优势，通过推进教师开展企业工作实践，聘用企业技术人员开展学校教学实践等方式，以学校教师为主、企业兼职教师为辅，共组师资队伍；六是基于一体化学习工作站和校内实训基地建设，规划建设集校园文化与企业文化、学习过程与工作过程为一体的校内外学习环境，共建实训基地；七是基于一体化学习工作站、校内实训基地等学习环境，参照企业管理规范，突出企业在职业认知、企业文化、就业指导等职业素养养成层面的作用，共搭管理平台；八是根据本层级人才培养目标、国家职业标准和企业用人要求，制定评价标准，对学生职业能力、职业素养和职业技能等级实施评价，共评培养质量。

基于上述运行机制，校企双方共同推进本专业中级技能人才综合职业能力培养，并在培养目标、培养过程、培养评价中实施学生相应通用能力、职业素养和思政素养的培养。

2. 高级技能层级

高级技能层级宜采用“校企双元、人才共育”的校企合作运行机制。

校企双方根据烹饪（中式烹调）专业高级技能人才特征，建立适应高级技能层级的运行机制。一是结合高级技能层级工学一体化课程以解决系统性问题为主的特点，研讨校企协同育人方法路径，共同制定和采用“校企双元、人才共育”的培养方案，共创培养模式；二是发挥各自优势，按照人才培养目标要求，以初中、高中、中职生源为主，制订招生招工计划，通过开设校企双制班、企业订单班等措施，共同招生招工；三是对接本领域行业协会和标杆企业，紧跟本产业发展趋势、技术更新和生产方式变革，紧扣企业岗位能力最新要求，合力制定专业建设方案，推进专业优化调整，共商专业规划；四是围绕就业导向和职业特征，结合本地本校办学条件和学情，推进本专业工学一体化课程标准校本转化，进行学习任务二次设计、教学资源开发，共议课程开发；五是发挥学校教师专业教学能力和企业技术人员工作实践能力优势，通过推进教师开展企业工作实践，聘请企业技术人员为兼职教师等方式，涵盖学校专业教师和企业兼职教师，共组师资队伍；六是以一体化学习工作站和校内外实训基地为基础，共同规划建设兼具实践教学功能和生产服务功能的大师工作室，集校园文化与企业文化、学习过程与工作过程为一体的校内外学习环境，创建产教深度融合的产业学院等，共建实训基地；七是基于一体化学习工作站、校内外实训基地等学习环境，参照企业管理机制，组建校企管理队伍，明确校企双方责任权利，推进人才培养全过程校企协同管理，共搭管理平台；八是根据本层级人才培养目标、国家职业标准和企业用人要求共同构建人才培养质量评价体系，共同制定评价标准，共同实施学生职业能力、职业素养和职业技能等级评价，共评培养质量。

基于上述运行机制，校企双方共同推进本专业高级技能人才综合职业能力培养，并在培养目标、培养过程、培养评价中实施学生相应通用能力、职业素养和思政素养的培养。

3. 预备技师（技师）层级

预备技师（技师）层级宜采用“企业为主、学校为辅”的校企合作运行机制。

校企双方根据烹饪（中式烹调）专业预备技师（技师）人才特征，建立适应预备技师（技师）层级的运行机制。一是结合预备技师（技师）层级工学一体化课程以分析解决开放性问题为主的特点，研讨校企协同育人方法路径，共同制定和采用“企业为主、学校为辅”的培养方案，共创培养模式；二是发挥各自优势，按照人才培养目标要求，以初中、高中、中职生源为主，制订招生招工计划，通过开设校企双制班、企业订单班和开展企业新型学徒制培养等措施，共同招生招工；三是对接本领域行业协会和标杆企业，紧跟本产业发展趋势、技术更新和生产方式变革，紧扣企业岗位能力最新要求，以企业为主，共同制定专业建设方案，共同推进专业优化调整，共商专业规划；四是围绕就业导向和职业特征，结合本地本校办学条件和学情，推进本专业工学一体化课程标准校本转化，进行学习任务二次设计、教学资源开发，并根据岗位能力要求和工作过程推进企业培训课程开发，共议课程开发；五是发挥学校教师专业教学能力和企业技术人员工作实践能力优势，推进教师开展企业工作实践，通过聘用等方式，涵盖学校专业教师、企业培训师、实践专家、企业技术人员，共组师资队伍；六是以校外实训基地、校内生产性实训基地、产业学院等为主要学习环境，以完成企业真实工作任务为学习载体，以地方品牌企业实践场所为工作环境，共建实训基地；七是基于校内外实训基地等学习环境，学校参照企业管理机制，企业参照学校教学管理机制，组建校企管理队伍，明确校企双方责任权利，推进人才培养全过程校企协同管理，共搭管理平台；八是根据本层级人才培养目标、国家职业标准和企业用人要求共同构建人才培养质量评价体系，共同制定评价标准，共同实施学生职业能力、职业素养和职业技能等级评价，共评培养质量。

基于上述运行机制，校企双方共同推进本专业预备技师（技师）技能人才综合职业能力培养，并在培养目标、培养过程、培养评价中实施学生相应通用能力、职业素养和思政素养的培养。

四、课程安排

使用单位应根据人力资源社会保障部颁发的《烹饪（中式烹调）专业国家技能人才培养工学一体化课程设置方案》开设本专业课程。本课程安排只列出工学一体化课程和建议学时，使用单位可依据院校学习年限和教学安排确定具体学时分配。

（一）中级技能层级工学一体化课程表（初中起点三年）

序号	课程名称	基准学时	学时分配					
			第1学期	第2学期	第3学期	第4学期	第5学期	第6学期
1	烹饪原料加工	144	88	56				
2	基础热菜制作	288		78	108	102		
3	基础冷菜制作	288			96	96	96	
4	基础雕刻与菜肴装饰	180				82	98	
总学时		900	88	134	204	280	194	

（二）高级技能层级工学一体化课程表（高中起点三年）

序号	课程名称	基准学时	学时分配					
			第1学期	第2学期	第3学期	第4学期	第5学期	第6学期
1	烹饪原料加工	108	36	72				
2	基础热菜制作	144		72	72			
3	基础冷菜制作	144			72	72		
4	基础雕刻与菜肴装饰	108			72	36		
5	复杂热菜制作	144				72	72	
6	复杂冷菜制作	144				72	72	
7	整型雕刻与盘饰制作	108					108	
8	基础宴席菜单设计	72					72	
总学时		972	36	144	216	252	324	

（三）高级技能层级工学一体化课程表（初中起点五年）

序号	课程名称	基准学时	学时分配									
			第 1 学期	第 2 学期	第 3 学期	第 4 学期	第 5 学期	第 6 学期	第 7 学期	第 8 学期	第 9 学期	第 10 学期
1	烹饪原料加工	144	88	56								
2	基础热菜制作	288		78	108	102						
3	基础冷菜制作	288		96	96	96						
4	基础雕刻与菜肴装饰	180				82	98					
5	复杂热菜制作	288							84	84	120	
6	复杂冷菜制作	288							72	72	144	
7	整型雕刻与盘饰制作	180								108	72	
8	基础宴席菜单设计	72									72	
总学时		1 728	88	230	204	280	98		156	264	408	

（四）预备技师（技师）层级工学一体化课程表（高中起点四年）

序号	课程名称	基准学时	学时分配							
			第 1 学期	第 2 学期	第 3 学期	第 4 学期	第 5 学期	第 6 学期	第 7 学期	第 8 学期
1	烹饪原料加工	108	108							
2	基础热菜制作	180		108	72					
3	基础冷菜制作	180		108	72					
4	基础雕刻与菜肴装饰	108				108				
5	复杂热菜制作	216				108	108			
6	复杂冷菜制作	216				108	108			
7	整型雕刻与盘饰制作	108					108			
8	基础宴席菜单设计	72					72			
9	特色热菜制作	216						108	108	
10	特色冷菜制作	216						108	108	
11	主题雕刻设计与制作	180						72	108	
12	主题宴席设计与制作	216						108	108	
总学时		2 016	108	216	144	324	396	396	432	

（五）预备技师（技师）层级工学一体化课程表（初中起点六年）

序号	课程名称	基准学时	学时分配											
			第1学期	第2学期	第3学期	第4学期	第5学期	第6学期	第7学期	第8学期	第9学期	第10学期	第11学期	第12学期
1	烹饪原料加工	144		88	56									
2	基础热菜制作	288		78	108	102								
3	基础冷菜制作	288			96	96	96							
4	基础雕刻与菜肴装饰	180				82	98							
5	复杂热菜制作	288							84	84	120			
6	复杂冷菜制作	288							72	72	144			
7	整型雕刻与盘饰制作	180								108	72			
8	基础宴席菜单设计	72									72			
9	特色热菜制作	216										72	144	
10	特色冷菜制作	216										144	72	
11	主题雕刻设计与制作	180										90	90	
12	主题宴席设计与制作	216										108	108	
总学时		2 556		166	260	280	194		156	264	408	414	414	

五、课程标准

（一）烹饪原料加工课程标准

工学一体化课程名称	烹饪原料加工	基准学时	144①
典型工作任务描述			

烹饪原料加工是对烹饪原料进行择洗、宰杀、整理、切割、涨发等初加工处理，清除不符合食用要求或对人体有害的部位，并按照烹调要求使用直刀法、平刀法、斜刀法、剞刀法等刀法加工成块、段、片、条、丝、粒等形状，以及分档取料、菜肴组配的过程。按照原料类型可分为鲜活类原料加工（蔬菜、畜

① 此基准学时为初中生源学时，下同。

禽和水产）和一般干货类原料加工（干菜、食用菌等）。

在餐饮企业中，烹饪原料加工是厨房生产活动中菜肴制作的初始环节和基础环节，直接影响菜肴出品质量。由于原料初加工、加工成型、分档去料和组配工作技术要求不高，较容易上手，在餐饮企业中主要由中级工水平的厨师在高级厨师的指导下完成。

中级工水平的厨师接受厨师主管下达的任务后，分析任务单并确定加工标准和要求；制订工作计划并领取原料及工具、盛器，根据工作计划和加工要求进行择洗、宰杀、整理、切割、涨发等处理后，进行分档取料、整料出骨，并运用直刀法、平刀法、斜刀法、剞刀法等刀法完成块、段、片、条、丝、粒的加工；对烹饪原料加工质量、分量进行自检后，交付厨师主管验收，再将加工完成的原料按菜品标准进行组配，交由冷菜或热菜制作厨师开展下一步工作。

烹饪原料加工准备及加工标准应符合法律法规要求，加工后的成品应无毒无害、形状美观、清洁卫生。加工过程应当保持原料的营养成分和色香味形，同时应合理计划成本，保证出成率，避免原料浪费。操作过程中应遵守企业作业规程、食品安全法和餐饮行业管理要求；参照《中华人民共和国食品安全法》《食品生产许可管理办法》《中华人民共和国环境保护法》《餐饮服务食品安全操作规范》等法律法规以及GB/T 27306—2008《食品安全管理体系　餐饮业要求》、GB/T 28739—2012《餐饮业餐厨废弃物处理与利用设备》、T/CCA 004.2—2018《餐饮业就餐区和后厨环境卫生规范》等标准中的相关要求实施。

工作内容分析

工作对象：	工具、材料、设备与资料：	工作要求：
1. 获取任务： ①从主管处领取任务； ②与主管沟通菜肴制作所需烹饪原料加工要求。 2. 制订计划： ①整理烹饪原料加工清单； ②整理烹饪原料初加工和细加工的要求； ③整理烹饪原料加工工艺流程； ④确定烹饪原料加工方法； ⑤明确操作安全和厨房卫生要求。 3. 实施任务： ①领取材料并开档加工； ②进行择洗、宰杀、整理、切割等前处理； ③进行块、段、片、条、丝、粒等料型加工； ④对原料进行合理的组配。	1. 工具：砧板、片刀、桑刀、拍片刀、片皮刀、斩骨刀等中式厨刀；杯、盘、碗、碟等盛器； 2. 材料：芹菜、土豆等蔬菜类原料；香菇、木耳等干货类原料；排骨、里脊、鸡腿等畜禽类原料；鲤鱼、带鱼等水产类原料； 3. 设备：冰箱等； 4. 资料：菜谱、任务单（点菜单）、意见反馈表。 **工作方法：** 1. 蔬菜的择剔和削剔方法； 2. 蔬菜的浸泡洗涤方法； 3. 家畜、家禽初加工方法； 4. 水产品初加工方法； 5. 水发加工方法； 6. 直刀法、平刀法、斜刀法、	1. 获取任务：与主管沟通，明确烹饪原料的类型和特点、初加工和成型的质量和分量要求、组配的出品要求； 2. 制订计划：根据企业作业规程，确定原料初加工、成型和组配的工作流程和制作工艺，明确工具、设备和人员安排； 3. 实施任务：根据加工间操作规程进行择洗、宰杀、整理、切割等前处理，识别并去除不可食用部位；使用直刀法、平刀法、斜刀法、剞刀法等刀法进行块、段、片、条、丝、粒等的加工，并控制料型的长宽、薄厚等尺寸； 4. 验收交付：根据菜肴加工要求，对净料的卫生、规格、

续表

4. 验收交付： ①自检净料质量和分量； ②交付主管验收。 5. 总结反馈： ①收档并整理工作现场； ②整理不同原料的加工特性和方法； ③整理不同刀法和原料组配的操作要点和注意事项。	剞刀法。 **劳动组织方式：** 在主管指导下，中级工水平的厨师以独立或小组合作工作方式完成制作。从库管员处领取原料；独立完成原料的初加工；与其他厨师协作进行成型加工，并将加工后的净料交付厨师主管。	形状、保鲜储存等方面进行检查，计算加工原料的出成率，确保满足任务要求； 5. 总结反馈：按照企业“6S”管理制度整理工具和现场，完成工具设备清洗归位、环境卫生整理等收档工作；从厨师或主管处接收反馈意见，整理不足及改进要点。

课程目标

学习完本课程后，学生应当能够胜任蔬菜类原料加工、畜类原料加工、禽类原料加工、水产类原料加工、一般干货类原料加工等工作任务，并能严格执行企业安全生产制度、环保管理制度和餐饮业相关卫生管理规定，包括：

1. 能独立阅读并理解任务单，明确所需烹饪原料的类型和特点、初加工和成型的质量、分量要求以及组配的出品要求。具备沟通交流、信息检索等通用能力。

2. 能通过信息检索，了解加工原料的特性、相应的加工技法（刀法），熟练掌握刀工技艺。具备自主学习、效率意识、成本意识、标准意识等通用能力和素养。

3. 能独立叙述蔬菜类、畜禽类、水产类和干货类原料的初加工、成型和组配的工艺流程（加工工序、成型程序、成品特点、加工关键），并列出工具和材料，以独立或小组合作方式，根据标准菜谱和顾客的合理要求制订工作计划，确定烹饪原料加工流程，并完成工作前的准备。具备安全意识、食品卫生意识、质量意识、吃苦耐劳等素养。

4. 能在教师指导下，在规定时间内按照烹饪原料加工相关安全卫生操作规范和质量要求，对蔬菜类、畜禽类、水产类和干货类原料进行品质鉴别、择洗、宰杀、整理、切割、涨发；根据家禽类和鱼类原料的部位特点进行分档、取料；使用直刀法、平刀法、斜刀法等刀法将原料加工成块、段、片、条、丝、粒，并控制长宽、薄厚等尺寸；运用剞刀法在厚料表面切或片一些不同花纹而不断料；根据原料和菜肴制作特点，选择主料和辅料，确定分量，搭配颜色和形状，配制多种原料的菜品，独立完成烹饪原料加工任务。并在加工过程中注意节约原料，减少浪费。具备诚信敬业、成本意识、规范意识等素养。

5. 能在教师指导下，根据烹饪原料加工质量标准和食品安全检验标准，独立对加工后的净料进行卫生、规格、形状、保鲜储存等方面的质量自检；经教师检验合格后，将净料交付后续岗位开展下一步工作。具备环保意识、节约意识等素养。

6. 能遵守食品行业从业人员操作卫生规范及标准，依据企业“6S”管理制度收档，工具归位，对工作面及工作区域进行清扫整理，具备良好的卫生习惯与职业素养。根据综合质量评价反馈，依据初加工、刀工成型和配菜的工作要求和标准，在教师指导下对工作过程和成品进行总结反思，思考存在的问题，与教师和同学沟通交流，寻求解决方法。

7. 能整理常见原料加工特性和方法、不同刀法和原料组配的操作要点；总结工作过程中避免原料浪费

续表

的技巧，保证出成率，参与成本控制；遵守职业道德和相关餐饮业法律法规要求，保持良好的工作习惯和卫生习惯。
学习内容
本课程的主要学习内容包括： 一、任务单的阅读分析及资料查阅 实践知识： 1. 原料加工任务单的阅读分析； 2. 关键信息的提取； 3. 任务具体内容、完成时间、工作要求等要素的解读； 4. 原料加工任务相关内容的信息处理。 理论知识： 1. 烹饪原料加工的工作内容与要求； 2. 烹饪原料加工相关规范。 二、烹饪原料加工方案的制定 实践知识： 1. 刀具等工具、设备领用单的填写； 2. 原料领用单的填写； 3. 烹饪原料加工工艺流程的明确。 理论知识： 1. 原料加工厨房中工具、设备、盛器的功能、使用方法及消毒要求； 2. 蔬菜类、畜禽类、水产类、干货类等常见烹饪原料的选择及质量鉴定方法； 3. 常见烹饪加工原料的特性及刀法选择方法； 4. 常见烹饪原料加工步骤； 5. 常见烹饪原料加工标准及要求。 三、烹饪原料加工任务的实施 实践知识： 1. 原料品质的鉴别与检验； 2. 原料的清洗和工具、设备、盛器等的浸泡消毒； 3. 工具、设备、盛器等的高温消毒； 4. 使用择剔、刮削、宰杀、开膛、刮鳞、洗涤、整理等方法进行原料初加工； 5. 使用直刀法、平刀法、斜刀法、剞刀法等刀法进行原料加工； 6. 块、段、片、条、丝、粒等料型的加工实施； 7. 日常工具用具的使用； 8. 企业厨房原料加工手册、意见反馈表、企业操作规程、GB/T 27306—2008《食品安全管理体系　餐饮业要求》等的阅读。

理论知识：

1. 蔬菜类、畜禽类、水产类、干货类等常见烹饪原料知识及相关营养卫生知识；

2. 常见烹饪原料质量的鉴别方法；

3. 常见烹饪原料清洁度要求；

4. 工具、设备、盛器等清洁度要求；

5. 工具、设备使用规范；

6. 直刀法、平刀法、斜刀法、剞刀法等刀法操作规范；

7. 原料品质鉴定的概念、作用、流程和标准要求；

8. 原料加工标准和加工规范；

9. 原料加工的步骤、工艺和操作要点。

四、烹饪原料加工任务的验收交付

实践知识：

1. 质量自检的感官检验与判断；

2. 称重、测长等质量自检的客观判定；

3. 原料加工半成品的现场验收、交付；

4. 原料加工半成品的储存保鲜；

5. GB/T 28739—2012《餐饮业餐厨废弃物处理与利用设备》、HACCP 食品管理体系、食品安全管理体系中食品管理、食品监管部分内容的查阅与使用。

理论知识：

1. 原料加工质量自检的意义、步骤、要点和主要内容；

2. 出成率的概念及计算方法；

3. 质量感官检测的概念及方法；

4. 原料加工半成品的标准和要求；

5. 原料加工半成品储存保鲜的概念、用途和注意事项；

6. GB/T 28739—2012《餐饮业餐厨废弃物处理与利用设备》、HACCP 食品管理体系、食品安全管理体系中有关食品管理、食品监管的内容。

五、烹饪原料加工任务的总结反馈

实践知识：

1. 剩余原料的处置和储存；

2. 厨余垃圾的分类处理；

3. 加工工具、设备、盛器的清洗、消毒、归位及环境卫生质量的判断；

4. 加工间的“6S”整理；

5. 原料加工要点的摘要式归纳；

6. 反馈意见和存在问题清单的记录及改进举措工作单的填写；

7. 工作总结表单的填写。

理论知识：

1. 剩余原料的储存保鲜方法；

2. 厨余垃圾的分类处理方法；

3. 加工工具、设备的清洗及消毒方法；

4. 厨房“6S”管理知识；

5. 厨房环境卫生标准；

6. 各类原料加工要点和流程；

7. 烹饪原料加工半成品的评价标准。

六、通用能力、职业素养、思政素养

自主学习、自我管理、信息检索、理解与表达、交往与合作、创新思维、解决问题等通用能力，安全意识、营养卫生意识、规范意识、效率意识、成本意识、环保意识、质量意识、市场意识、服务意识、美学素养等职业素养，以及文化自信、劳模精神、劳动精神、工匠精神等思政素养。

参考性学习任务

序号	名称	学习任务描述	参考学时
1	蔬菜类原料加工	某中餐厨房收到预订菜单，其中醋熘白菜、香干芹菜、开洋菜花、红烧茄子、清炒土豆丝各需15份，厨师主管依据日常出品备料和预订菜单安排初加工，切配岗位厨师在菜肴烹制工作开始前完成所需蔬菜的加工，要求将烹饪原料中不符合食用要求或对人体有害的部位进行清除或整理后，将切配好的原料送至需要烹饪原料的岗位。 初加工、切配岗位学生从教师处领取任务后，确定蔬菜原料加工要求；制订工作计划并领取需要加工的原料及工具、盛器；依据菜肴的营养、卫生、色彩、味道、形状、质地、盛器等要求，按照工作计划和原料加工的质量要求，运用择剔、刮削、洗涤、整理等加工方法，运用直刀法、平刀法、斜刀法等刀法，按照不同刀法的操作技术要求，完成原料的刀工成型，对加工好的蔬菜原料半成品自检后交由教师验收；验收合格后，合理存放以备开展下一步工作。 原料加工过程应合理计划成本，避免浪费，严格执行企业操作规程和餐饮行业管理要求，遵守《中华人民共和国食品安全法》相关规定。	36
2	畜类原料加工	某中餐厨房收到预订菜单，其中熘肉片、冬笋肉丝、爆三样各需10份，厨师主管依据日常出品备料和预订菜单安排初加工，切配岗位厨师在菜肴烹制工作开始前完成所需畜类原料的加工，要求将烹饪原料中不符合食用要求或对人体有害的部位进行清除或整理后，将切配好的原料送至需要烹饪原料的岗位。	52

续表

2	畜类原料加工	初加工、切配岗位学生从教师处领取任务后，确定鲜活原料初加工要求；制订工作计划并领取需要加工的原料及工具、盛器；依据菜肴的营养、卫生、色彩、味道、形状、质地、盛器等要求，按照工作计划和原料加工的质量要求，运用择剔、洗涤、整理等加工方法，运用直刀法、平刀法、斜刀法、剞刀法等刀法，按照不同刀法的操作技术要求，完成原料的刀工成型，对加工好的畜类原料半成品自检后交由教师验收；验收合格后，合理存放以备开展下一步工作。 原料加工过程应合理计划成本，避免浪费，严格执行企业操作规程和餐饮行业管理要求，遵守《中华人民共和国食品安全法》相关规定。	
3	禽类原料加工	某中餐厨房收到预订菜单，其中青椒鸡丁需要 10 份，厨师主管依据日常出品备料和预订菜单安排初加工，切配岗位厨师在菜肴烹制工作开始前完成所需禽类原料的加工，要求将烹饪原料中不符合食用要求或对人体有害的部位进行清除或整理后，将切配好的原料送至需要烹饪原料的岗位。 初加工、切配岗位学生从教师处领取任务后，确定鲜活原料初加工要求；制订工作计划并领取需要加工的原料及工具、盛器；依据菜肴的营养、卫生、色彩、味道、形状、质地、盛器等要求，按照工作计划和原料加工的质量要求，运用择剔、洗涤、整理等加工方法，运用直刀法、平刀法、斜刀法、剞刀法等刀法，按照不同刀法的操作技术要求，完成原料的刀工成型，对加工好的禽类原料半成品自检后交由教师验收；验收合格后，合理存放以备开展下一步工作。 原料加工过程应合理计划成本，避免浪费，严格执行企业操作规程和餐饮行业管理要求，遵守《中华人民共和国食品安全法》相关规定。	12
4	水产类 原料加工	某中餐厨房收到预订菜单，其中清蒸鲩鱼、熘鱼片、油焖大虾各需 5 份，厨师主管依据日常出品备料和预订菜单安排初加工，切配岗位厨师在菜肴烹制工作开始前完成所需水产类原料的加工，要求将烹饪原料中不符合食用要求或对人体有害的部位进行清除或整理后，将切配好的原料送至需要烹饪原料的岗位。 初加工、切配岗位学生从教师处领取任务后，确定鲜活原料初加工要求；制订工作计划并领取需要加工的原料及工具、盛器；依据菜肴的营养、卫生、色彩、味道、形状、质地、盛器等要求，按照	36

续表

4	水产类原料加工	工作计划和原料加工的质量要求，使用宰杀、开膛、刮鳞、洗涤、整理等加工方法，运用直刀法、平刀法、斜刀法、剞刀法等刀法，按照不同刀法的操作技术要求，完成水产类原料加工，自检后交由教师验收；验收合格后，合理存放以备开展下一步工作。 原料加工过程应合理计划成本，避免浪费，严格执行企业操作规程和餐饮行业管理要求，遵守《中华人民共和国食品安全法》相关规定。	
5	一般干货类原料加工	某中餐厨房收到预订菜单，其中香菇青菜、烧鱿鱼各需20份，厨师主管依据日常出品备料和预订菜单安排初加工，切配岗位厨师在菜肴烹制工作开始前完成所需干货类原料干香菇、干鱿鱼的涨发，要求将干货类原料按照质量要求进行涨发后，送至需要烹饪原料的岗位。 初加工、切配岗位学生从教师处领取任务后，确定干货类原料涨发要求；制订工作计划并领取需要加工的原料及工具、盛器；按照工作计划和原料加工的质量要求，运用水发、碱发等干货类原料的涨发方法，完成干货类原料的涨发，自检后交由教师验收；验收合格后，合理存放以备开展下一步工作。 原料加工过程应合理计划成本，避免浪费，严格执行企业操作规程和餐饮行业管理要求，遵守《中华人民共和国食品安全法》相关规定。	8

教学实施建议

1. 师资要求

任课教师需具有烹饪原料加工的实践经验，并具备烹饪原料加工一体化课程教学设计与一体化课程教学资源选择与应用等能力，具备中式烹调师三级及以上的职业资格。

2. 教学组织方式方法建议

采用任务导向教学方法。为确保教学安全，提高教学效果，建议采用分组教学的形式（4~6人/组）；在完成工作任务的过程中，教师需加强示范与指导，注重学生职业素养和规范操作的培养。

3. 教学资源配置建议

（1）教学场地

中式烹调一体化学习工作站需具备良好的安全性能、照明和通风条件，可分为集中教学区、分组实践区、信息检索区、工具存放区和成果展示区，并配备相应的多媒体教学设备、炉灶、冰箱、排烟等设施设备，面积以至少同时容纳30人开展教学活动为宜。

（2）工具、材料、设备

按组配备：砧板、刀具、盛器、原料等。

续表

（3）教学资料

烹饪原料加工技术、中式烹调师（初中高）、烹调基础知识等教材及相应的工作页、信息页、教学课件、菜谱、任务单（点菜单、宴席菜单）、意见反馈表、操作规程、典型案例、技术规范、技术标准和数字化资源等。

4. 教学管理制度

执行一体化教学场所的管理规定，如需要进行校外课程实习和岗位实习，应严格遵守生产性实训基地、企业实习等管理规章制度。

教学考核要求

本课程考核采用过程性考核与终结性考核相结合的方式，课程考核成绩 = 过程性考核 ×60%+ 终结性考核 ×40%。

1. 过程性考核（60%）

过程性考核成绩由 5 个参考性学习任务考核成绩构成。其中，蔬菜类原料加工、水产类原料加工的考核成绩占比分别为 20%；畜类原料加工的考核成绩占比为 40%；禽类原料加工的考核成绩占比为 10%；一般干货类原料加工的考核成绩占比为 10%。

上述参考性学习任务的考核应以其学习目标为依据确定考核要点，设计考核项目。考核项目可分为技能考核类、学习成果类和通用能力观察类等类别，通过细化其评分细则，分别从专业能力、通用能力等维度对学生学习情况进行考核。

（1）技能考核类考核项目包括工具、食材的选用，原料初加工的执行，质量的检验等关键的操作技能和心智技能。

（2）学习成果类考核项目涉及各学习环节产出的学习成果，可运用原料清单、工具清单、原料加工工艺流程图、原料结构图、实训日志、思维导图、工作计划、原料加工半成品等多种形式。

（3）通用能力观察类考核项目包括与主管沟通明确原料类型和特点、初加工和成型的质量和分量要求、组配的出品要求，考核学生与人交流、信息检索等通用能力；明确原料加工、成型和组配的工作流程和制作工艺，考核学生效率意识、成本意识、标准意识等素养；使用直刀法、平刀法、斜刀法、剞刀法等刀法进行原料加工，并控制规格，考核学生安全意识、食品卫生意识、质量意识、成本意识、规范意识等素养；认真按时保质完成整个工作任务，考核学生爱岗敬业、吃苦耐劳、诚实守信等素养。

2. 终结性考核（40%）

学生根据任务情境要求，制订工作方案；按照工作规范，在规定时间内按照原料初加工、细加工、组配等流程完成具体烹饪原料加工任务，加工原料质量符合烹饪原料加工出品要求。

考核任务案例：蓑衣黄瓜的制作

【情境描述】

某中餐厨房午餐期间收到点菜单“蓑衣黄瓜”1 份，厨师主管依据点菜单安排切配厨师在菜肴烹制前用 5 分钟完成蓑衣黄瓜的切配，要求按照蓑衣花刀“刀工精细、可拉伸 3 倍以上”的规格质量要求完成切配，并送至菜肴制作岗位合理存放，待开餐制作出品。

【任务要求】

根据任务情境描述，在规定时间（5 分钟）内整理原料初加工、细加工的工艺流程，完成蓑衣黄瓜的刀工处理及配菜工作。

1. 根据任务单，整理菜肴主料、辅料和调料清单，明确蓑衣黄瓜加工的刀工技法、菜肴切配等工艺流程并进行描述；

2. 领取原料后进行初加工、细加工，要求出成率控制在 80% 以上，损耗率不得超出毛料质量的 20%，蓑衣黄瓜刀工标准为：刀距 2～3mm，均匀、整齐，倾斜角度为 30°～40°，成品可拉伸 3 倍以上；

3. 按照标准菜单中蓑衣黄瓜的原料配比和质量要求进行辅料加工及配菜；

4. 加工过程中按照安全操作流程、厨房卫生规范以及勤俭节约、减少浪费的原则执行，严格遵守企业相关食品安全、卫生、环保等规定。

【参考资料】

完成上述任务时，可以使用所有常见的教学资料，如工作页、信息页、教材、参考书籍、网络视频、标准菜谱、个人笔记等。

（二）基础热菜制作课程标准

工学一体化课程名称	基础热菜制作	基准学时	288
典型工作任务描述			

基础热菜制作是指将经过加工和切配成型的常见动植物烹饪原料，通过炒、炸、烧、煮、蒸、汆、熘、烩、煎、焖、爆等基本烹调技法进行加热烹制和简单调味制成常见菜肴，并运用堆、托、扣、浇、摆等盛装方法对菜肴进行盛装及点缀的菜肴加工过程。按照烹调方法不同，基础热菜可分为炒制、炸制、烧制、煮制、蒸制、汆制、熘制、烩制、煎制、焖制、爆制类菜肴。

基础热菜由于口味家常、价格实惠，是酒店、餐厅等社会餐饮机构和政府机关、企事业单位餐饮服务部门中顾客常点的菜品。该类菜肴制作技法简单，口味便于把握，热菜主管通常指派中级工水平的厨师完成该项工作。

中级工水平的厨师从热菜主管处领取任务后，与主管沟通并在其指导下明确加工要求；制订工作计划，并准备炉灶等工具，领取原料和盛装器皿；在主管指导下，对切配好的原料进行调配和预制加工；按照工作计划和菜肴成品标准要求，以独立或小组合作的方式在规定时间内，运用炒、炸、烧、煮、蒸、汆、熘、烩、煎、焖、爆等烹调技法进行烹制，盛装点缀；自检菜品质量合格后，交付热菜主管，复检合格后由服务员传送给顾客，并从业务部门收集顾客反馈意见，针对意见及时做出调整。

基础热菜成品应达到刀工精细、色泽鲜亮、造型简洁美观、分量足、口味适当、安全卫生、营养均衡，并促进人体健康等要求，盛装器皿与菜品协调一致。工作过程中，注意安全操作规范，避免人身伤害；合理计划成本，避免浪费，满足顾客合理的个性化需求。严格执行企业作业规程和餐饮行业管理要求，参照《中华人民共和国食品安全法》《食品生产许可管理办法》《中华人民共和国环境保护法》《餐饮服务食品安全操作规范》《餐饮业经营管理办法（试行）》等法律法规以及 GB/T 27306—2008《食品安全管理

续表

体系　餐饮业要求》、GB/T 28739—2012《餐饮业餐厨废弃物处理与利用设备》、T/CCA 004.2—2018《餐饮业就餐区和后厨环境卫生规范》等标准中的相关要求实施。		
工作内容分析		
工作对象： 1. 获取任务： ①从热菜主管处领取任务； ②与热菜主管沟通制作和出品要求。 2. 制订计划： ①整理工具清单和原料清单，上浆挂糊和预熟处理等预制加工、烹调加工等工艺流程以及出品装盘点缀方式； ②明确操作安全规范和厨房卫生要求。 3. 实施任务： ①领取切配好的原料； ②开档； ③对原料进行上浆挂糊、预熟处理等预制加工； ④使用炒、炸、烧、煮、蒸、氽、熘、烩、煎、焖、爆等烹调技法进行菜肴制作； ⑤盛装点缀成品。 4. 验收交付： ①对菜品外观和口味进行自检； ②交付热菜主管进行复检； ③交付传菜员出品。 5. 总结反馈： ①收档并整理厨房，清洁保养工具设备，并填写工作记录单； ②与服务员沟通并收集顾客反馈意见，提出改进建议；	**工具、材料、设备与资料：** 1. 工具：砧板、刀具、餐具、厨具、盛器等； 2. 材料：与菜单相关的烹饪原料、调料等； 3. 设备：灶具、蒸箱、烤箱、炒炉、汤锅、冰箱等； 4. 资料：菜谱、任务单（点菜单）、材料清单、工作记录单、菜品质量标准卡、意见反馈表、企业操作规程、GB/T 27306—2008《食品安全管理体系　餐饮业要求》和GB/T 28739—2012《餐饮业餐厨废弃物处理与利用设备》等。 **工作方法：** 1. 信息查阅与分析方法：烹调技法、传统饮食文化、原料营养特点与配搭等内容的查阅与分析； 2. 原料预制加工方法：上浆与挂糊处理、预熟处理等； 3. 调味方法：咸鲜、酸甜等味型的调制方法；腌渍、热渗、裹浇、跟碟等调味手法； 4. 烹调技法：炒、炸、烧、煮、蒸、氽、熘、烩、煎、焖、爆等烹调技法； 5. 装盘美化方法：堆、托、扣、浇、摆等装盘手法； 6. 出品质量检查方法：感官检查法等。 **劳动组织方式：** 在热菜主管的指导下，中级工水平的厨师以独立或小组合作的方式完成制作。从热菜主管处领取工作任务，明确制作菜肴品种、上菜时间和顾客需求；从库管员处领取原料，准备工具设备，根据出品要求进行加工	**工作要求：** 1. 获取任务：与热菜主管有效沟通，明确出品时间、数量、质量、顾客个性化需求等信息； 2. 制订计划：根据企业作业规程、环境与食品安全卫生等要求，明确工具设备种类和规格要求，主辅料品种、数量和质量要求，确定烹调工艺流程和出品装盘点缀方式，制订计划书； 3. 实施任务：根据企业操作规程、营养要求、食品安全卫生要求，领取与核对配菜原料的数量、质量与规格；规范开档；根据工艺流程对切配好的原料进行恰当上浆挂糊、调色调味、预熟处理等预制加工；按照工艺流程使用炒、炸、烧、煮、蒸、氽、熘、烩、煎、焖、爆等烹调方法烹制菜肴； 4. 验收交付：根据菜品质量标准，从火候、调味及芡汁的控制等方面，检查菜品的色泽、质感、口味、卫生等质量； 5. 总结反馈：按照企业管理规范整理厨房并归

续表

③总结菜肴制作过程中的经验和不足。	烹制；自检后交付热菜主管复检，合格后由服务员送至顾客，填写工作记录单交至热菜主管。	档；归纳、整理菜品制作过程中存在的问题及顾客反馈的意见，与主管进行沟通讨论，分析原因，提出改进措施。

课程目标

学习完本课程后，学生应当能够胜任炒制、炸制、烧制、煮制、蒸制、汆制、熘制、烩制、煎制、焖制、爆制类基础热菜制作的工作，并能严格执行企业作业规程和餐饮行业管理要求，包括：

1. 能读懂任务单，识别任务要素，明确炒、炸、烧、煮、蒸、汆、熘、烩、煎、焖、爆等技法的制作工艺特点、成品特点、典型菜品，以及出餐时间、数量、分量等具体要求。具备沟通交流、信息检索等通用能力。

2. 能根据企业作业规程和菜品生产的安全、卫生及质量要求，选择合适的工具和切配好的净料；在教师指导下制订工作计划，说明热菜制作的工艺流程，明确自己的任务并合理规划时间。具备团队合作、安全意识、食品卫生意识、效率意识、成本意识、标准意识等通用能力和素养。

3. 能依据任务单，根据企业操作规程和菜品质量标准要求，准确识别粉、浆、糊类原料的种类、特点及变化原理；掌握菜品烹制中有关火候、调味、勾芡等环节的关键技巧；在教师指导下，能对常见原料进行预制加工，包括简单味型（咸鲜味、酸甜味等）的调配，简单调浆、制糊和勾芡、挂糊和上浆，以及预熟处理等；能独立运用炒、炸、烧、煮、蒸、汆、熘、烩、煎、焖、爆等基础技法制作常见菜肴；能独立运用堆、托、扣、浇、摆等方法进行盛装及点缀等。具备安全意识、食品卫生意识、质量意识、规范意识、效率意识等素养。

4. 能依据菜品质量和卫生要求，从火候、芡汁、调味等关键技术点的控制与运用等角度，采用目视、品尝等感官检验方法，检查菜品的品相、品味、品质等，核对顾客的个性化需求，并将菜品交付教师复核验收。具备质量意识、诚信敬业等素养。

5. 能按照企业管理规范与安全卫生要求等收档，妥善保管剩余的各种原品和半成品；分类整理、清洗消毒和归位各类用具，整理工作场所；正确规范填写工作记录单。具备环保意识、成本意识、自我管理、沟通交流、解决问题等通用能力与素养。

6. 能严格遵守职业道德，遵守餐饮卫生、劳动保护等相关规定，合理计划成本，避免浪费；能针对质量反馈中提出的问题，与教师和同学沟通交流，思考解决的方法，并按照基础热菜制作的工作标准对工作过程的各个环节进行总结。

学习内容

本课程的主要学习内容包括：

一、任务单的阅读分析及资料查阅

实践知识：

1. 任务单（点菜单）的阅读分析、任务关键信息的沟通与识别，如出品时间、数量、质量、顾客个性化需求等信息；

2. 炒、炸、烧、煮、蒸、氽、熘、烩、煎、焖、爆等基础烹调技法的制作工艺、成品特点的分析与识别。

理论知识：

1. 烹饪、烹调的概念；

2. 炒、炸、烧、煮、蒸、氽、熘、烩、煎、焖、爆等基础烹调技法的概念、分类、成品特点、典型菜品等。

二、基础热菜制作方案的制定

实践知识：

1. 厨房水电气相关设施设备、消防设施的安全检查等；

2. 企业操作管理规范、相关菜谱与菜品质量标准卡、企业热菜岗菜品制作手册等的查阅与使用；

3. 菜品制作计划的编制，包括材料与工具清单整理，基础热菜菜品烹前预制、烹调工艺流程、出品装盘点缀方式等的选择与确定。

理论知识：

1. 厨房工作环境、安全防护等知识，包括餐饮企业厨房组织架构、炉灶岗位职责与业务流程；企业“6S”管理制度、食品安全法律法规、企业安全操作规范等管理制度；厨房水电气使用安全规定、消防设施检查与使用方法、安全标志等；

2. 与热菜烹制相关的法律文件、企业质量标准、操作规程等知识，如《中华人民共和国食品安全法》、菜品质量标准卡、GB/T 27306—2008《食品安全管理体系　餐饮业要求》《餐饮服务食品安全操作规范》、GB/T 28739—2012《餐饮业餐厨废弃物处理与利用设备》等；

3. 炒、炸、烧、煮、蒸、氽、熘、烩、煎、焖、爆等基础烹调技法的原料配制特点、烹制工艺流程、技术关键等。

三、基础热菜制作任务的实施

实践知识：

1. 配菜质量（种类、规格、新鲜度、营养简单配搭等）的鉴别与反馈；

2. 配菜原料特性、规格等与不同烹调技法的匹配与选用；

3. 简单浆、糊（水粉浆、全蛋浆、全蛋糊、蛋清糊、蛋黄糊等）的调制；简单上浆、挂糊、勾芡等加工处理；

4. 焯水、过油、走红、汽蒸等原料初步熟处理；

5. 调色调味等预制加工；

6. 炒、炸、烧、煮、蒸、氽、熘、烩、煎、焖、爆等基础热菜制作；

7. 基础热菜的装盘美化。

理论知识：

1. 烹调技法与原料质地、色彩、形态、营养等的组配要求；

2. 常见调浆、制糊、勾芡等预制技法的种类、作用、适用范围；上浆、挂糊、勾芡的方法及技术要求；淀粉等各种制浆、糊、芡类原料的种类、特性与使用方法；

3. 原料初步熟处理的概念、意义、种类、适用范围等；焯水、过油、走红、汽蒸等原料初步熟处理的方法及操作要点；

4. 调味的概念、基础热菜常见味型；调味时机（加热前调味、加热中调味、加热后调味）及应用范围；腌渍、热渗、裹浇、跟碟等调味方法；咸鲜、酸甜等简单味汁的调制方法；

5. 火候、火力等概念及不同传热介质的导热特征；

6. 炒、炸、烧、煮、蒸、氽、熘、烩、煎、焖、爆等烹调技法的成品特点；

7. 堆、托、扣、浇、摆等装盘美化方法及技巧。

四、基础热菜制作任务的验收交付

实践知识：

菜肴成品目视、品尝等感官检验判断。

理论知识：

菜品质量的感官检验方法（从菜品的色泽、味道、形状、质感、卫生、盛器等多方面检验）、品尝法注意事项等。

五、基础热菜制作任务的总结反馈

实践知识：

1. 厨房环境卫生的验收判断；

2. 工作记录单的填写；

3. 意见反馈表的查阅与分析等；

4. 基础热菜制作过程操作要点的回顾与反思；

5. 根据评价标准对菜品作业指导书各项要点整理的评价。

理论知识：

1. 炉灶岗收档操作规范；

2. 厨房环境卫生标准；

3. 厨房“6S”管理知识；

4. 剩余成品和半成品保存方法；

5. 基础热菜菜品烹制工艺流程、技术关键等方面的常见问题及原因、菜品成品评价标准；

6. 炒、炸、烧、煮、蒸、氽、熘、烩、煎、焖、爆制典型菜品作业指导书的摘要式整理方法。

六、通用能力、职业素养、思政素养

自主学习、自我管理、信息检索、理解与表达、交往与合作、创新思维、解决问题等通用能力，安全意识、营养卫生意识、规范意识、效率意识、成本意识、环保意识、质量意识、市场意识、服务意识、美学素养等职业素养，以及文化自信、劳模精神、劳动精神、工匠精神等思政素养。

参考性学习任务

序号	名称	学习任务描述	参考学时
1	炒制菜肴制作	某中餐厅热菜间收到零点订单炒制类菜肴1份（如生炒类热菜酸辣土豆丝、熟炒类热菜回锅肉、清炒类热菜清炒藕尖、滑炒类	72

续表

1	炒制菜肴制作	热菜炒肉片、软炒类热菜炒赛螃蟹等），热菜厨师主管安排热菜厨师在规定时间内完成出品，要求出品分量足、装盘精美、口味适当、干净卫生。 学生从教师处领取任务后，确定热菜的口味特点；整理主辅料清单和制作工艺流程，制订工作计划；进行主料细加工或预熟处理；分别运用炒制（生炒、熟炒、清炒、滑炒、软炒等）工艺进行制作，盛装点缀后交由教师验收；验收合格后，及时接收反馈意见，并针对意见做出工作调整，形成工作闭环。 制作过程应合理计划成本，避免浪费，严格执行企业操作规程和餐饮行业管理要求，遵守《中华人民共和国食品卫生法》相关规定。	
2	汆制菜肴制作	某中餐厅热菜间收到零点订单汆制菜肴 1 份（如汆丸子），热菜厨师主管安排热菜厨师在规定时间内完成出品，要求出品分量足、装盘精美、口味适当、干净卫生。 学生从教师处领取任务后，确定热菜的口味特点；整理主辅料清单和制作工艺流程，制订工作计划；进行主料细加工；运用沸水汆工艺进行制作，盛装点缀后交由教师验收；验收合格后，及时接收反馈意见，并针对意见做出工作调整，形成工作闭环。 制作过程应合理计划成本，避免浪费，严格执行企业操作规程和餐饮行业管理要求，遵守《中华人民共和国食品卫生法》相关规定。	18
3	煎制菜肴制作	某中餐厅热菜间收到零点订单煎制类菜肴 1 份（如干煎类热菜干煎带鱼、软煎类热菜柠汁煎软鸡等），热菜厨师主管安排热菜厨师在规定时间内完成出品，要求出品分量足、装盘精美、口味适当、干净卫生。 学生从教师处领取任务后，确定热菜的口味特点；整理主辅料清单和制作工艺流程，制订工作计划；进行主料细加工和预熟处理；分别运用煎制（干煎、软煎等）工艺进行制作，盛装点缀后交由教师验收；验收合格后，及时接收反馈意见，并针对意见做出工作调整，形成工作闭环。 制作过程应合理计划成本，避免浪费，严格执行企业操作规程和餐饮行业管理要求，遵守《中华人民共和国食品卫生法》相关规定。	18
4	煮制菜肴制作	某中餐厅热菜间收到零点订单煮制菜肴 1 份（如水煮肉片等），热菜厨师主管安排热菜厨师在规定时间内完成出品，要求出品分	18

续表

4	煮制菜肴制作	量足、装盘精美、口味适当、干净卫生。 学生从教师处领取任务后，确定热菜的口味特点；整理主辅料清单和制作工艺流程，制订工作计划；进行主料细加工或预熟处理；运用煮制工艺进行制作，盛装点缀后交由教师验收；验收合格后，及时接收反馈意见，并针对意见做出工作调整，形成工作闭环。 制作过程应合理计划成本，避免浪费，严格执行企业操作规程和餐饮行业管理要求，遵守《中华人民共和国食品卫生法》相关规定。	
5	炸制菜肴制作	某中餐厅热菜间收到零点订单炸制类菜肴 1 份（如清炸类热菜清炸里脊、干炸类热菜干炸丸子、酥炸类热菜五柳松子鱼、软炸类热菜软炸香菇、脆炸类热菜脆炸虾仁等），热菜厨师主管安排热菜厨师在规定时间内完成出品，要求出品分量足、装盘精美、口味适当、干净卫生。 学生从教师处领取任务后，确定热菜的口味特点；整理主辅料清单和制作工艺流程，制订工作计划；进行主料细加工处理；分别运用炸制（清炸、干炸、酥炸、软炸、脆炸等）工艺进行制作，盛装点缀后交由教师验收；验收合格后，及时接收反馈意见，并针对意见做出工作调整，形成工作闭环。 制作过程应合理计划成本，避免浪费，严格执行企业操作规程和餐饮行业管理要求，遵守《中华人民共和国食品卫生法》相关规定。	54
6	蒸制菜肴制作	某中餐厅热菜间收到零点订单蒸制类菜肴 1 份（如清蒸热菜清蒸鱼、粉蒸热菜粉蒸排骨等），热菜厨师主管安排热菜厨师在规定时间内完成出品，要求出品分量足、装盘精美、口味适当、干净卫生。 学生从教师处领取任务后，确定热菜的口味特点；整理主辅料清单和制作工艺流程，制订工作计划；进行主料细加工或预熟处理；运用蒸制（清蒸和粉蒸等）工艺进行制作，盛装点缀后交由教师验收；验收合格后，及时接收反馈意见，并针对意见做出工作调整，形成工作闭环。 制作过程应合理计划成本，避免浪费，严格执行企业操作规程和餐饮行业管理要求，遵守《中华人民共和国食品卫生法》相关规定。	18

续表

7	烧制菜肴制作	某中餐厅热菜间收到零点订单烧制类菜肴1份（如红烧类热菜红烧鸡翅、白烧类热菜烧腐竹、干烧类热菜干烧岩鲤等），热菜厨师主管安排热菜厨师在规定时间内完成出品，要求出品分量足、装盘精美、口味适当、干净卫生。 学生从教师处领取任务后，确定热菜的口味特点；整理主辅料清单和制作工艺流程，制订工作计划；进行主料细加工或预熟处理；分别运用烧制（红烧、白烧、干烧等）工艺进行制作，盛装点缀后交由教师验收；验收合格后，及时接收反馈意见，并针对意见做出工作调整，形成工作闭环。 制作过程应合理计划成本，避免浪费，严格执行企业操作规程和餐饮行业管理要求，遵守《中华人民共和国食品卫生法》相关规定。	18
8	焖制菜肴制作	某中餐厅热菜间收到零点订单焖制类菜肴1份（如红焖类热菜红焖牛腩、黄焖类热菜黄焖鸡块、油焖类热菜油焖虾等），热菜厨师主管安排热菜厨师在规定时间内完成出品，要求出品分量足、装盘精美、口味适当、干净卫生。 学生从教师处领取任务后，确定热菜的口味特点；整理主辅料清单和制作工艺流程，制订工作计划；进行主料细加工或预熟处理；分别运用焖制（红焖、黄焖、油焖等）工艺进行制作，盛装点缀后交由教师验收；验收合格后，及时接收反馈意见，并针对意见做出工作调整，形成工作闭环。 制作过程应合理计划成本，避免浪费，严格执行企业操作规程和餐饮行业管理要求，遵守《中华人民共和国食品卫生法》相关规定。	18
9	烩制菜肴制作	某中餐厅热菜间收到零点订单烩制类菜肴1份（如烩酸辣汤等），热菜厨师主管安排热菜厨师在规定时间内完成出品，要求出品分量足、装盘精美、口味适当、干净卫生。 学生从教师处领取任务后，确定热菜的口味特点；整理主辅料清单和制作工艺流程，制订工作计划；进行主料细加工和预熟处理；运用烩制工艺进行制作，盛装点缀后交由教师验收；验收合格后，及时接收反馈意见，并针对意见做出工作调整，形成工作闭环。 制作过程应合理计划成本，避免浪费，严格执行企业操作规程和餐饮行业管理要求，遵守《中华人民共和国食品卫生法》相关规定。	18

续表

10	熘制菜肴制作	某中餐厅热菜间收到零点订单熘制类菜肴1份（如炸熘类热菜糖醋里脊、滑熘类热菜滑熘里脊片、软熘类热菜软熘鱼片等），热菜厨师主管安排热菜厨师在规定时间内完成出品，要求出品分量足、装盘精美、口味适当、干净卫生。 学生从教师处领取任务后，确定热菜的口味特点；整理主辅料清单和制作工艺流程，制订工作计划；进行主料细加工和预熟处理；分别运用熘制（炸熘、滑熘、软熘等）工艺进行制作，盛装点缀后交由教师验收；验收合格后，及时接收反馈意见，并针对意见做出工作调整，形成工作闭环。 制作过程应合理计划成本，避免浪费，严格执行企业操作规程和餐饮行业管理要求，遵守《中华人民共和国食品卫生法》相关规定。	18
11	爆制菜肴制作	某中餐厅热菜间收到零点订单爆制类菜肴1份（如油爆鲜鱿、葱爆肉丝等）。热菜厨师主管安排热菜厨师在规定的时间内完成出品，要求出品分量足、装盘精美、口味适当、干净卫生。 学生从教师处领取任务后，确定热菜的口味特点；整理主辅料清单和制作工艺流程，制订工作计划；进行主料细加工和预熟处理，分别运用爆制（油爆、酱爆、葱爆、汤爆等）工艺进行制作，盛装点缀后交由教师验收；验收合格后，及时接收反馈意见，并针对意见做出工作调整，形成工作闭环。 制作过程应合理计划成本，避免浪费，严格执行企业操作规程和餐饮行业管理要求，遵守《中华人民共和国食品卫生法》相关规定。	18

教学实施建议

1. 师资要求

任课教师需具有基础热菜制作的实践经验，具备基础热菜制作一体化课程教学设计与一体化课程教学资源选择与应用等能力，并具备中式烹调师三级及以上的职业资格。

2. 教学组织方式方法建议

采用任务导向教学方法。为确保教学安全，提高教学效果，建议采用分组教学的形式（4～6人/组）；在完成工作任务的过程中，教师需加强示范与指导，注重学生职业素养和规范操作的培养。

3. 教学资源配置建议

（1）教学场地

中式烹调一体化学习工作站需具备良好的安全性能、照明和通风条件。可分为集中教学区、分组实践区、信息检索区、工具存放区和成果展示区，并配备相应的多媒体教学设备、炉灶、冰箱、排烟等设施设备，面积以至少同时容纳30人开展教学活动为宜。

（2）工具、材料、设备

按组配备：砧板、刀具、餐具、盛器、厨具、灶具；菜单相关的热菜制作原料、调料等。另外配置煤气泄漏检测、灭火器和灭火毯等消防设施设备等。

（3）教学资料

烹调技术、中式烹调师（初中高）等教材及相应的工作页、信息页、教学课件、菜谱、任务单（点菜单）、材料清单、工作记录单、菜品质量标准卡、意见反馈表、操作规程、典型案例、技术规范、技术标准和数字化资源等。

4. 教学管理制度

执行一体化教学场所的管理规定，如需要进行校外课程实习和岗位实习，应严格遵守生产性实训基地、企业实习等管理规章制度。

教学考核要求

本课程考核采用过程性考核与终结性考核相结合的方式，课程考核成绩 = 过程性考核 ×60%+ 终结性考核 ×40%。

1. 过程性考核（60%）

过程性考核成绩由 11 个参考性学习任务考核成绩构成。其中，炒制、炸制、烧制、焖制、熘制、爆制菜肴制作的考核成绩占比分别为 10%；煎制、煮制、蒸制、氽制、烩制菜肴制作的考核成绩占比分别为 8%。

上述参考性学习任务的考核应以其学习目标为依据确定考核要点，设计考核项目。考核项目可分为技能考核类、学习成果类和通用能力观察类等类别，通过细化其评分细则，分别从专业能力、通用能力等维度对学生学习情况进行考核。

（1）技能考核类考核项目包括工具、主要烹饪设备的操作、食材的选用与质量鉴别、常见原料初加工、油温识别、菜品制作工艺流程的执行、半成品及菜品质量的检验等关键的操作技能和心智技能。

（2）学习成果类考核项目涉及各学习环节产出的学习成果，可运用工具清单、原料清单、菜品加工工艺流程图、实训日志、工作计划、菜谱、基础热菜菜肴成品等多种形式。

（3）通用能力观察类考核项目包括与热菜主管沟通明确出品时间、数量和质量要求、顾客个性化需求等，考核学生沟通交流、信息检索等通用能力；明确工具设备要求、主辅料要求，确定烹调工艺流程和出品装盘点缀方式等，考核学生效率意识、成本意识、标准意识等素养；使用炒、炸、烧等烹调方法烹制菜肴，考核学生安全意识、食品卫生意识、岗位责任意识、质量意识、规范意识等素养；认真按时保质完成整个工作任务，考核学生吃苦耐劳、诚信敬业、崇尚劳动、环保意识等素养。

2. 终结性考核（40%）

学生根据任务情境要求，编写基础热菜制作工艺流程，按照企业操作规范，选用常见烹饪原料、调料，整理原料初加工、细加工和炒、炸、烧、煮、蒸、氽、熘、烩、煎、焖、爆等制作工艺流程；按照菜品要求对原料进行刀工处理后上浆腌制，鉴别油温并掌握火候，使用炒等技法、简单调味完成菜肴制作，使菜品达到色、香、味、形、意、养等方面的出餐标准。在规定时间内完成指定基础热菜的制作，按照

续表

菜品质量标准对菜品进行自检。

考核任务案例："鲜冬笋里脊丝"菜肴制作

【情境描述】

某餐厅午餐期间，有顾客点菜"鲜冬笋里脊丝"，要求在规定的时间（40分钟）内出菜交给热菜主管，并由热菜主管评价合格后上菜。菜肴出品要求刀工均匀，色泽洁白，形态饱满，口味咸鲜，口感滑嫩、爽脆。

【任务要求】

根据任务情境描述，在规定的时间（40分钟）内，整理原料初加工、细加工和炒制工艺流程，完成鲜冬笋里脊丝的炒制任务。

1. 根据任务单，整理菜肴主料、辅料和调料清单，明确腌制、滑油、调味、混合炒等工艺流程并以图示的形式进行描述；

2. 领取原料后进行初加工、细加工，要求出成率控制在80%以上，损耗率不得超出毛料质量的20%，肉丝、冬笋丝标准：0.3～0.4 cm见方，长度为6～8 cm；

3. 上浆腌制后对肉丝、冬笋丝进行初步熟处理，要求滑油油温控制在三成热（80～100 ℃）；

4. 调制碗芡后烹制菜肴，要求出品色泽洁白，形态饱满，口味咸鲜，口感滑嫩、爽脆；

5. 出菜装盘后，菜油不得溢出；

6. 菜肴烹制过程中严格遵守企业食品安全、卫生、环保等规定。

【参考资料】

完成上述任务时，可以使用所有常见的教学资料，如工作页、信息页、教材、参考书籍、网络视频、个人笔记等。

（三）基础冷菜制作课程标准

工学一体化课程名称	基础冷菜制作	基准学时	288
典型工作任务描述			

基础冷菜制作是指利用蔬菜类、豆类、坚果类、熟肉类、蛋类、水产类等常见产品及其加工品为原料，采用拌、炝、卤、酱、泡、腌等技法进行加工制作，添加调料进行调味后制成即可食用的菜肴的加工过程。其中，冷菜原料经过垫底、围边、盖面等步骤，运用排、堆、叠、围、摆、覆等手法进行装盘后形成冷菜拼盘。冷菜根据加工技法可以分为拌制、炝制、卤制、酱制、泡制、腌制等菜肴，冷菜拼盘分为单拼、双拼和什锦拼。

基础冷菜是餐饮活动或者宴会的首道菜品，具有造型整齐、刀工精细、口味丰富、器皿精美等特点，能刺激食欲、愉悦就餐心情。冷菜在宴席中起到烘托主题、提高档次的作用，是酒店、餐厅主要销售的品种。在基础冷菜制作中，厨师需要掌握常见烹调技法、调味方法和拼摆手法。这些技术难度不高，通常由具有中级工水平的厨师在冷菜主管指导下完成。

中级工水平的厨师从冷菜主管处领取任务后，确定菜肴制作要求和制作时间，制订工作计划并领取加工切配好的原料及盛器；开餐前在加工间运用焯水、煮制、过油、酱、卤、泡、腌等技法将原料预制烹调加工成全熟或能直接食用的半成品，并准备酱汁，制作围边点缀装饰物；开餐时根据工作计划和菜肴成品标准，把半成品改刀成丝、丁、片、块、条等形状，经过拌制、炝制、泡制、腌制后装盘或直接装盘并配汁点缀；自检并交付冷菜主管验收合格后，由服务员把菜肴传送给顾客，并从业务部门收集顾客反馈意见。

基础冷菜成品应整齐美观、大小相等、厚薄均匀、口感脆嫩、口味清香等，符合营养卫生要求，促进人体健康。基础冷菜制作过程中需严格按照点菜单的菜肴分量、口味、上菜时间等要求合理安排菜肴准备、预制和制作工作，并根据规定的工艺流程和出餐标准完成制作。严格执行企业作业规程和餐饮行业管理要求，参照《中华人民共和国食品安全法》《食品生产许可管理办法》《中华人民共和国环境保护法》《餐饮服务食品安全操作规范》《餐饮业经营管理办法（试行）》等法律法规以及 GB/T 27306—2008《食品安全管理体系　餐饮业要求》、GB/T 28739—2012《餐饮业餐厨废弃物处理与利用设备》、T/CCA 004.2—2018《餐饮业就餐区和后厨环境卫生规范》等标准中的相关要求实施。

工作内容分析		
工作对象： 1. 获取任务： ①从冷菜主管处领取任务； ②与冷菜主管沟通任务细节和出品要求。 2. 制订计划： ①确定原料和工具； ②确定工作流程； ③明确操作安全和厨房卫生要求。 3. 实施任务： ①领取切配好的原料； ②开档； ③使用煮制、焯水、腌制等方式进行熟制处理； ④使用拌、炝、卤、酱、泡、腌等技法进行加工； ⑤使用拌、浇、淋、蘸等技法调味； ⑥使用排、堆、叠、围、摆、覆等手法制成单拼、双拼或什锦拼；	工具、材料、设备与资料： 1. 工具：炒锅、酱桶、手勺、刀具、砧板、厨房电子秤、厨房清洁用具等； 2. 材料：蔬菜类、豆类、坚果类、熟肉类、蛋类、水产类等常见原料以及各种调味料、香辛料； 3. 设备：灶具、蒸箱、烤箱、汤锅、冰箱等； 4. 资料：菜谱、任务单（点菜单）、材料清单、工作记录单、菜品质量标准卡、意见反馈表、企业操作规程、GB/T 27306—2008《食品安全管理体系　餐饮业要求》和 GB/T 28739—2012《餐饮业餐厨废弃物处理与利用设备》等。 工作方法： 1. 拌、炝、卤、酱、泡、腌等烹调方法； 2. 咸香、葱油、麻辣、红	工作要求： 1. 获取任务：与冷菜主管充分沟通，明确基础冷菜的主要类型、工艺特点、典型菜品和口味特征，确定菜品口味、分量、出品时间、顾客个性化需求等信息； 2. 制订计划：根据国家卫生和安全规定、企业操作规程等要求，确定所需工具、盛器、设备的消毒方法，明确冷菜制作常见的主料、辅料等材料清单，确定加工、熟制处理、调味、拼摆成型等工艺流程，确定火候控制、调味方法、拼摆方式，以及进度计划等要点，最终形成工作计划； 3. 实施任务：通过看、闻、触（捏、摁、摸）等感官手段鉴别原料质量，确保食品卫生安全、达到菜品制作要求；使用拌、炝、卤、酱、泡、腌等技法完成冷菜主辅料的预制加工，使用常用调味料调制咸香、葱油、麻辣、红油、蒜泥、糖醋和姜汁等符合出品要求的味汁，使用排、堆、叠、围、摆、覆等手法，采用两三种原料进行直线、斜线、叶形等造型的拼盘制作，并采用拌、浇、淋、蘸等手法进行调味；

续表

⑦装饰点缀成品并装盘。 4. 验收交付： ①检查冷菜卫生标准是否符合要求； ②检查菜品外观和口味是否达到出菜要求； ③交付冷菜主管进行复检； ④交付传菜员出品。 5. 总结反馈： ①整理冷菜间； ②询问服务员，收集顾客意见； ③整理拌、炝、卤、酱、泡、腌菜品制作要点。	油、蒜泥、糖醋和姜汁等味汁调制方法； 3. 拌、浇、淋、蘸等调味方法； 4. 排、堆、叠、围、摆、覆等拼摆手法； 5. 单拼、双拼和什锦拼制作方法。 **劳动组织方式：** 此任务在冷菜主管的指导下完成。中级工水平的厨师从冷菜主管处领取工作任务并沟通细节；从库管员处领取原料；在指导下完成菜肴制作后进行自检；交付冷菜主管复检，合格后由服务员送至顾客。	使用恰当的器皿和点缀物进行菜品的盛装和装饰，完成基础冷菜制作； 4. 验收交付：依据出品要求，通过看、闻、尝等主观判定或者使用电子秤、量尺等量具进行客观测量，对基础冷菜的卫生、刀工、味道、拼摆图形、色彩搭配、尺寸比例等方面进行检查； 5. 总结反馈：根据企业管理要求对剩余原料和边角料等进行有效处置；依据 GB/T 28739—2012《餐饮业餐厨废弃物处理与利用设备》的规定，对厨余垃圾进行科学分类，保护环境；按照"6S"管理制度完成工具设备清洗归位、环境卫生整理等收档工作；从主管或服务员处收集顾客意见，整理拌、炝、卤、酱、泡、腌等技法的工艺流程和操作要点。

课程目标

学习完本课程后，学生应当能够胜任拌制、炝制、卤制、酱制、泡制、腌制菜肴和单拼、双拼、什锦拼制作等基础冷菜制作任务，并能严格执行企业作业规程和餐饮行业管理要求，包括：

1. 能识读冷菜制作任务单，明确拌、炝、卤、酱、泡、腌等冷菜制作技法和拼盘的主要类型、工艺特点、典型菜品和口味特征，明确菜品用料、口味、分量、外观等出品要求和数量、时间等工作要求。具备沟通交流、信息检索等通用能力。

2. 能在教师指导下，整理菜品主辅料用量和质量要求的清单，选择适合的工具、用具、设备和盛器；明确熟制处理、加工调味、拼摆成型等工艺流程，掌握拌、炝、卤、酱、泡、腌等工艺的火候、调味要点；进行单拼、双拼、什锦拼的色彩搭配和图案设计；完成基础冷菜制作工作计划和人员的分工安排。具备安全意识、食品卫生意识、成本意识、效率意识、标准意识等素养。

3. 能遵守餐饮卫生、劳动保护等相关规定，按照企业规范进入工作区域；在教师指导下，领用原料并进行质量鉴别；运用蒸煮、浸泡等方法完成工具、设备、盛器等的消毒；使用常用调味料调制咸香、葱油、麻辣、红油、蒜泥、糖醋和姜汁等符合出品要求的味汁；使用拌、炝、卤、酱、泡、腌等技法完成冷菜主辅料的预制加工，掌握火候、时间和主料熟度控制的方法；使用排、堆、叠、围、摆、覆等手法，采用两三种原料进行直线、斜线、叶形等造型的拼盘制作，把握色彩、尺度的控制要点；运用预制味汁或现调味汁，采用拌、浇、淋、蘸等手法对菜品进行调味；使用量、称、尝、闻、蘸等方法完成菜品的质量控制；根据工作计划，在规定时间内完成符合相关标准和要求的基础冷菜制作。具备安全意识、食品卫生意识、质量意识、规范意识、效率意识等素养。

续表

4. 能依据出品要求，通过看、闻、尝等感官检验方法和使用仪器称重量、测温度、测规格等客观检测法，对菜品的卫生、刀工、味道、拼摆图形、色彩搭配、尺寸比例等进行质量自检，并交付教师复检验收。具备审美意识、诚信敬业等素养。

5. 能根据企业管理要求对剩余原料和边角料等进行有效处置；依据 GB/T 28739—2012《餐饮业餐厨废弃物处理与利用设备》的规定，对厨余垃圾进行科学分类，保护环境；按照企业“6S”管理制度完成工具设备清洗归位、环境卫生整理等收档工作；针对质量反馈意见，与教师和同学沟通交流提出解决措施，整理拌、炝、卤、酱、泡、腌的工艺流程和操作要点。具备环保意识、安全意识、食品卫生意识、成本意识、自主学习等通用能力和素养。

学习内容

本课程的主要学习内容包括：

一、任务单的阅读分析及资料查阅

实践知识：

1. 任务单中关键信息的提取和解读；

2. 冷菜厨房卫生管理制度的执行；

3. 冷菜厨房工具、设备的安全操作；

4. 拌、炝、卤、酱、泡、腌等技法的制作工艺、成品特点的分析与识别；

5. 简单拼盘的制作工艺、成品特点的分析与识别。

理论知识：

1. 基础冷菜的定义、组成及特点；

2. 冷菜厨房食品原料管理和储存方法；

3. 冷菜厨房工具、设备的功能和操作方法；

4. 拌、炝、卤、酱、泡、腌等基础冷菜制作技法的概念、分类、成品特点、典型菜品等；

5. 简单拼盘的概念、分类、成品特点、典型菜品等。

二、基础冷菜制作方案的制定

实践知识：

1. 企业操作管理规范、菜谱与菜品质量标准卡等的查阅与使用；

2. 基础冷菜制作的主辅料、调味特点、工艺流程等信息的检索分析；

3. 菜品制作计划的编制，包括主辅料清单整理，预熟处理、加工调味、拼摆成型、出品装盘点缀方式的选择和确定。

理论知识：

1. 基础冷菜制作的工具、用具、盛器等的消毒标准与要求；

2. 拌、炝、卤、酱、泡、腌等冷菜制作技法的工艺流程、操作要领；

3. 常用酱汁调制方法；

4. 拌、浇、淋、蘸等调味方法及关键点；

5. 冷菜制作常用的排、堆、叠、围、摆、覆等装盘手法。
三、基础冷菜制作任务的实施
实践知识：
1. 看、闻、摸、摁等原料品质的鉴别与检验；
2. 工具、设备、盛器等的浸泡消毒；
3. 原料的洗涤、出肉、分档取料、切割等粗细加工；
4. 拌、炝、卤、酱、泡、腌等基础冷菜的制作；
5. 成品、半成品的保存；
6. 排、堆、叠、围、摆、覆等基础冷菜装盘；
7. 五香、酱香、葱香、咸香、酸咸等酱汁的调制；
8. 拌、浇、淋、蘸等进行酱汁调味；
9. 器皿选择、菜品装盘、菜品美化。
理论知识：
1. 采用感官鉴定进行原料品质鉴定的方法；
2. 冷菜制作的工具、设备的选择方法和操作要求；
3. 拌、炝、卤、酱、泡、腌等基础冷菜的预制加工方法；
4. 基础冷菜装盘手法；
5. 冷拼的制作手法；
6. 基础冷菜味型的调制方法；
7. 器皿选择方法、菜品盛装方法、菜品美化方法。
四、基础冷菜制作任务的验收交付
实践知识：
1. 运用看、闻、尝等主观判定法和测长、称重等客观判定法对基础冷菜成品进行质量自检；
2. 基础冷菜成品瑕疵的完善；
3. 厨房电子秤、量尺等工具设备的使用。
理论知识：
1. 基础冷菜成品要求；
2. 基础冷菜成品瑕疵的完善方法。
五、基础冷菜制作任务的总结反馈
实践知识：
1. 剩余原料的处置和储存；
2. 厨余垃圾的分类处理；
3. 冷菜厨房“6S”清洁整理；
4. 接受顾客反馈的意见，予以记录，提出改进举措，完成工作单的填写并做出调整。

续表

理论知识：

1. 冷菜厨房“6S”管理知识；

2. 厨房环境卫生标准。

六、通用能力、职业素养、思政素养

自主学习、自我管理、信息检索、理解与表达、交往与合作、创新思维、解决问题等通用能力，安全意识、营养卫生意识、规范意识、效率意识、成本意识、环保意识、质量意识、市场意识、服务意识、美学素养等职业素养，以及文化自信、劳模精神、劳动精神、工匠精神等思政素养。

参考性学习任务

序号	名称	学习任务描述	参考学时
1	拌制菜肴制作	某餐厅冷菜间收到拌制菜肴（如凉拌木耳）订单，主管安排冷菜厨师在 1 小时内完成制作，要求出品分量足、清爽适口、卫生美观。 学生从教师处领取任务后，分析任务单和加工要求；制订工作计划，领取经加工切配好的原料及盛装器皿，根据菜肴制作的要求完成制作前准备；按照工作计划和菜肴成品标准，运用拌制（生拌、熟拌、混合拌）烹调方法进行菜肴烹调制作，并将制作好的菜肴盛装点缀后交付教师验收。 在制作过程中符合冷菜加工制作要求，严格执行企业操作规程和“6S”管理规定，参照环保、卫生要求实施，按质按量制作产品，产品色泽搭配合理、荤素搭配有序。	32
2	炝制菜肴制作	某餐厅冷菜间收到炝制菜肴（如炝西芹等）订单，主管安排冷菜厨师在 1 小时内完成制作，要求出品分量足、清爽适口、卫生美观。 学生从教师处领取任务后，分析任务单和加工要求；制订工作计划，领取经加工切配好的原料及盛装器皿，根据菜肴制作的要求完成制作前准备；按照工作计划和菜肴成品标准，运用炝制（焯炝、生炝）烹调方法进行菜肴烹调制作，并将制作好的菜肴盛装点缀后交付教师验收。 在制作过程中符合冷菜加工制作要求，严格执行企业操作规程和“6S”管理规定，参照环保、卫生要求实施，按质按量制作产品，产品色泽搭配合理、荤素搭配有序。	32
3	卤制菜肴制作	某餐厅冷菜间收到卤制菜肴（如卤豆腐、卤豆干等）订单，主管安排冷菜厨师在 3 小时内完成制作，要求出品分量足、清爽适口、卫生美观。 学生从教师处领取任务后，分析任务单和加工要求；制订工作计划，领取经加工切配好的原料及盛装器皿，根据菜肴制作的要求完成制作前准备；按照工作计划和菜肴成品标准，运用卤制烹调方法	32

续表

3	卤制菜肴制作	进行菜肴烹调制作，并将制作好的菜肴盛装点缀后交付教师验收。 在制作过程中符合冷菜加工制作要求，严格执行企业操作规程和“6S”管理规定，参照环保、卫生要求实施，按质按量制作产品，产品色泽搭配合理、荤素搭配有序。	
4	酱制菜肴制作	某餐厅冷菜间收到酱制菜肴（如酱牛肉、酱肘子等）订单，主管安排冷菜厨师在3小时内完成制作，要求出品分量足、清爽适口、卫生美观。 学生从教师处领取任务后，分析任务单和加工要求；制订工作计划，领取经加工切配好的原料及盛装器皿，根据菜肴制作的要求完成制作前准备；按照工作计划和菜肴成品标准，运用酱制烹调方法进行菜肴烹调制作，并将制作好的菜肴盛装点缀后交付教师验收。 在制作过程中符合冷菜加工制作要求，严格执行企业操作规程和“6S”管理规定，参照环保、卫生要求实施，按质按量制作产品，产品色泽搭配合理、荤素搭配有序。	32
5	泡制菜肴制作	某餐厅冷菜间收到泡制菜肴（如泡仔姜、泡圆白菜等）订单，主管安排冷菜厨师在2小时内完成制作，要求出品分量足、清爽适口、卫生美观。 学生从教师处领取任务后，分析任务单和加工要求；制订工作计划，领取经加工切配好的原料及盛装器皿，根据菜肴制作的要求完成制作前准备；按照工作计划和菜肴成品标准，运用泡制烹调方法进行菜肴烹调制作，并将制作好的菜肴盛装点缀后交付教师验收。 在制作过程中符合冷菜加工制作要求，严格执行企业操作规程和“6S”管理规定，参照环保、卫生要求实施，按质按量制作产品，产品色泽搭配合理、荤素搭配有序。	32
6	腌制菜肴制作	某餐厅冷菜间收到腌制菜肴（如腌萝卜、腌黄瓜等）订单，主管安排冷菜厨师在1小时内完成制作，要求出品分量足、清爽适口、卫生美观。 学生从教师处领取任务后，分析任务单和加工要求；制订工作计划，领取经加工切配好的原料及盛装器皿，根据菜肴制作的要求完成制作前准备；按照工作计划和菜肴成品标准，运用腌制烹调方法进行菜肴烹调制作，并将制作好的菜肴盛装点缀后交付教师验收。 在制作过程中符合冷菜加工制作要求，严格执行企业内部规程和“6S”管理规定，参照环保、卫生要求实施，按质按量制作产品，产品色泽搭配合理、荤素搭配有序。	32

续表

7	单拼制作	某餐厅冷菜间接到单拼冷菜订单1份，主管安排冷菜厨师在1小时内完成制作。要求考虑整体的卫生、安全、实用性，符合产品质量标准要求。 学生从教师处领取任务后，分析任务单和加工要求；制订工作计划，领取经加工切配好的原料及盛装器皿，根据菜肴制作的要求完成制作前准备；按照工作计划和菜肴成品标准，使用排、堆、叠、围、摆、覆等手法和单一原料进行单拼菜肴装盘，盛装点缀后交付教师验收。 在制作过程中符合冷菜加工制作要求，严格执行企业操作规程和“6S”管理规定，参照环保、卫生要求实施，按质按量制作产品，产品色泽搭配合理、荤素搭配有序。	12
8	双拼制作	某餐厅冷菜间接到双拼冷菜订单1份，主管安排冷菜厨师在1小时内完成制作。要求考虑整体的卫生、安全、实用性、符合产品质量标准要求。 学生从教师处领取任务后，分析任务单和加工要求；制订工作计划，领取经加工切配好的原料及盛装器皿，根据菜肴制作的要求完成制作前准备；按照工作计划和菜肴成品标准，使用两种原料进行双拼菜肴制作，盛装点缀后交付教师验收。 在制作过程中符合冷菜加工制作要求，严格执行企业操作规程和“6S”管理规定，参照环保、卫生要求实施，按质按量制作产品，产品色泽搭配合理、荤素搭配有序。	24
9	什锦拼制作	某餐厅冷菜间接到婚宴订单1份，要求每桌提供8个冷菜，其中组合搭配什锦拼1个。主管安排冷菜厨师在3小时内完成1份什锦拼制作。要求考虑整体的卫生、安全、实用性，符合产品质量标准要求。 学生从教师处领取任务后，分析任务单和加工要求；制订工作计划，领取经加工切配好的原料及盛装器皿，根据菜肴制作的要求完成制作前准备；按照工作计划和菜肴成品标准，使用三种以上原料进行什锦拼菜肴制作，盛装点缀后交付教师验收。 在制作过程中符合冷菜加工制作要求，严格执行企业操作规程和“6S”管理规定，参照环保、卫生要求实施，按质按量制作产品，产品色泽搭配合理、荤素搭配有序。	60

教学实施建议

1. 师资要求

任课教师需具有基础冷菜制作的实践经验，并具备基础冷菜制作一体化课程教学设计与一体化课程教学资源选择与应用等能力，具备中式烹调师三级及以上的职业资格。

2. 教学组织方式方法建议

采用任务导向教学方法。为确保教学安全，提高教学效果，建议采用分组教学的形式（4～6 人 / 组）；在完成工作任务的过程中，教师需加强示范与指导，注重学生职业素养和规范操作的培养。

3. 教学资源配置建议

（1）教学场地

中式烹调一体化学习工作站需具备良好的安全性能、照明和通风条件，可分为集中教学区、分组实践区、信息检索区、工具存放区和成果展示区，并配备相应的多媒体教学设备、炉灶、冰箱、排烟等设施设备，面积以至少同时容纳 30 人开展教学活动为宜。

（2）工具、材料、设备

按组配备：砧板、刀具、餐具、盛器、厨具、灶具；常见蔬菜类、豆类、坚果类、熟肉类、蛋类、水产类原料以及常用调料等。

（3）教学资料

烹调技术、中式烹调师（初中高）等教材及相应的工作页、信息页、教学课件、菜谱、任务单（点菜单）、材料清单、工作记录单、菜品质量标准卡、意见反馈表、操作规程、典型案例、技术规范、技术标准和数字化资源等。

4. 教学管理制度

执行一体化教学场所的管理规定，如需要进行校外课程实习和岗位实习，应严格遵守生产性实训基地、企业实习等管理规章制度。

教学考核要求

本课程考核采用过程性考核与终结性考核相结合的方式，课程考核成绩 = 过程性考核 ×60%+ 终结性考核 ×40%。

1. 过程性考核（60%）

过程性考核成绩由 9 个参考性学习任务考核成绩构成。其中，拌制菜肴制作、炝制菜肴制作、卤制菜肴制作、酱制菜肴制作、泡制菜肴制作、腌制菜肴制作、单拼制作的考核成绩占比分别为 10%；双拼制作、什锦拼制作的考核成绩占比分别为 15%。

上述参考性学习任务的考核应以其学习目标为依据确定考核要点，设计考核项目。考核项目可分为技能考核类、学习成果类和通用能力观察类等类别，通过细化其评分细则，分别从专业能力、通用能力等维度对学生学习情况进行考核。

（1）技能考核类考核项目包括工具的选用、食材的质量鉴别、主要烹饪设备的操作、常见原料初加工、味汁调制、菜品制作工艺流程的执行、半成品及菜品质量的检验等关键的操作技能和心智技能。

（2）学习成果类考核项目涉及各学习环节产出的学习成果，可运用工具清单、原料清单、菜品加工工艺流程图、原料结构图、海报、实训日志、设计图、思维导图、工作计划、菜谱、基础冷菜菜肴成品、冷菜单拼、双拼及什锦拼等多种形式。

（3）通用能力观察类考核项目包括与冷菜主管沟通明确菜品口味、分量、出品时间、顾客个性化需求

续表

等，考核学生沟通交流、信息检索等通用能力；明确工具设备要求、主辅料要求，确定熟制处理、调味、拼摆成型等工艺流程，考核学生食品安全意识、效率意识、成本意识、标准意识等素养；依据出品要求，对成品卫生、刀工、口味、拼摆等进行检查，考核学生审美意识、规范意识、质量意识等素养；认真按时保质完成整个工作任务，考核学生诚信敬业、崇尚劳动、环保意识等素养。

2. 终结性考核（40%）

学生根据任务情境要求，选用常见烹饪原料、调料，整理原料初加工、细加工和炝、拌、卤、酱、泡、腌等制作工艺流程；对原料进行刀工处理后，使用焯水等技法进行初步熟处理，采用拌、炝、卤、酱、泡、腌等技法进行加工后调味，并对菜品进行装饰点缀，使菜品达到刀工整齐、色泽艳丽、装盘整洁美观、构图合理等出餐标准。在规定时间内完成指定基础冷菜的制作，按照菜品质量标准对菜品进行自检。

考核任务案例："拌三丝"菜肴制作

【情境描述】

某餐厅接到午餐盒饭意向订单，顾客要求对凉菜菜肴"拌三丝"进行试吃，满意后签订合同。厨师长向冷菜厨房派发任务，要求冷菜厨师使用土豆、莴笋、胡萝卜原料，在规定时间（1 小时）内使用生熟混拌的技法，完成菜肴"拌三丝"的制作，经验收合格后供顾客试吃。

【任务要求】

根据任务情境描述，在规定时间（1 小时）内整理焯水、炝拌等制作工艺流程，进行原料的初加工、细加工和熟制，使用生熟混拌的技法并调制咸鲜味型，完成菜肴制作。

1. 根据任务单，整理菜肴主料、辅料和调料清单，明确焯水、调味、拌制等工艺流程并以图示的形式进行描述；

2. 对原料进行初加工和细加工，要求洗涤干净，去除不可食用部分，做到物尽其用，减少浪费，丝的标准为 0.2 cm × 0.2 cm × 8 cm；

3. 将加工好的原料进行熟制、调味拌制并装盘，要求盛装器皿直径不小于 24 cm；

4. 成品要求刀工整齐、色泽艳丽、装盘整洁美观，符合菜肴出品要求；

5. 菜肴烹制过程中严格遵守卫生、环保等规定，符合食品安全要求。

【参考资料】

完成上述任务时，可以使用所有常见的教学资料，如工作页、信息页、教材、参考书籍、网络视频、个人笔记等。

（四）基础雕刻与菜肴装饰课程标准

工学一体化课程名称	基础雕刻与菜肴装饰	基准学时	180
典型工作任务描述			

基础雕刻与菜肴装饰是指在菜肴出品前，厨师利用蔬菜、水果等原料切制或雕刻出一些小巧玲珑、色彩鲜艳、明快实用、便于使用的花卉或装饰小件，摆放在菜肴周边或者中间进行装饰美化的活动。厨师主要运用直刻、旋刻、戳刀等基础雕刻方法和切削、切刻、切卡、水泡、扦插、卷、包等技法进

续表

行制作。

基础雕刻与菜肴装饰具有美化菜品、提升菜品档次的效果，能给顾客带来艺术享受，是餐饮企业生产活动中必不可少的工作。基础雕刻与菜肴装饰中所用直刻、旋刻、切削、切刻等技法较容易掌握，一般由中级工水平的冷菜厨师完成。

中级工水平的厨师从冷菜主管处领取工作任务，与主管沟通确定加工要求；制订工作计划并领取原料及盛装器皿；根据工作要求准备刀具，进行原料初加工；按照工作计划和成品质量要求，运用直刻、旋刻、戳、切削、切刻、切卡、水泡、扦插、卷、包等技法进行花卉和蔬果盘饰制作，完成后交由冷菜主管验收；验收合格后，用于菜肴成品点缀装饰。

基础雕刻与菜肴装饰制作成品应确保主题突出，与菜肴合理搭配，突出菜肴特点，造型规整，色彩搭配得当，具有美感。工作过程中，应合理计划成本，避免浪费。严格执行企业作业规程和餐饮行业管理要求，参照《中华人民共和国食品安全法》《食品生产许可管理办法》《中华人民共和国环境保护法》《餐饮服务食品安全操作规范》等法律法规以及 GB/T 27306—2008《食品安全管理体系　餐饮业要求》、GB/T 28739—2012《餐饮业餐厨废弃物处理与利用设备》、T/CCA 004.2—2018《餐饮业就餐区和后厨环境卫生规范》等标准中的相关要求实施。

工作内容分析

工作对象：	**工具、材料、设备与资料：**	**工作要求：**
1. 获取任务： ①从冷菜主管处领取任务； ②沟通基础雕刻与菜肴装饰出品和制作要求。 2. 制订计划： ①整理所需原料清单； ②整理原料加工和处理流程； ③整理直刻、旋刻、戳、切削、切刻、切卡、水泡、扦插、卷、包等工艺流程； ④确定菜肴装饰方法； ⑤明确操作安全规范和厨房卫生要求。 3. 实施任务： ①领取原材料； ②开档并做好准备工作； ③进行花卉雕刻和装饰制作。 4. 验收交付： ①检查主题造型特征和颜色搭配；	1. 工具：砧板、雕刻刀具、餐具、盛器； 2. 材料：萝卜、黄瓜、南瓜、西瓜等原料； 3. 设备：厨具、灶具等； 4. 资料：标准菜谱、任务单（点菜单、宴席菜单）、企业操作规程。 **工作方法：** 1. 感官鉴别原料新鲜度的方法； 2. 直刻、旋刻、戳、切削、切刻、切卡、水泡、扦插、卷、包等操作方法； 3. 直刻法花卉、旋刻法花卉、戳刀法花卉、切削切刻类果蔬盘饰、切卡类果蔬盘饰、水泡扦插类果蔬盘饰、卷包类果蔬盘饰制作工艺流程；	1. 获取任务：与冷菜主管有效沟通，明确基础花卉和简单装饰制作的工艺特点和成品质量标准，确定用料和数量、时间等工作要求； 2. 制订计划：独立整理雕刻和装饰所需蔬菜、水果等原料清单，明确数量和质量要求；根据出品要求独立确定直刻、旋刻、戳、切削、切刻、切卡、水泡、扦插、卷、包等工艺流程； 3. 实施任务：根据作业规范，使用直刀、削刀、刻刀、旋刀、戳刀等刀法进行简易花卉的雕刻；使用切削、切刻、切卡、水泡、扦插、卷、包等手法进行简易装饰的制作； 4. 验收交付：使用目视、触感、测量等方法，对花卉造型、比例等特征和装饰的形态、颜色搭配、

续表

②交付冷菜主管进行复检； ③交付用于菜肴成品点缀装饰。 5. 总结反馈： ①收档并整理工作区域； ②整理直刻、旋刻、戳、切削、切刻、切卡、水泡、扦插、卷、包等花卉雕刻和装饰制作要点。	4. 成品质量鉴定方法。 **劳动组织方式：** 以独立或小组合作的方式完成任务。从主管处领取工作任务，根据需要查阅相关标准菜谱；到库管员处领取工具、原料；与主管进行雕刻盘饰加工情况沟通，自检合格后交付主管进行质量检验。	表现形式进行检查，确保满足任务要求； 5. 总结反馈：按照厨房“6S”管理制度，对环境卫生进行清洁；余料送还，工具归位；听取冷菜主管反馈，记录问题并制定解决措施，与主管达成共识，进一步明确食品雕刻与菜肴装饰的工艺流程和操作要点。

课程目标

学习完本课程后，学生应当能够胜任直刻法花卉雕刻、旋刻法花卉雕刻、戳刀法花卉雕刻、切削切刻类果蔬盘饰制作、切卡类果蔬盘饰制作、水泡扦插类果蔬盘饰制作、卷包类果蔬盘饰制作等工作任务，并能严格执行企业作业规程和餐饮行业管理要求，包括：

1. 能读懂任务单，明确花卉和简单装饰的制作工艺特点和成品质量标准，明确用料和数量、时间等工作要求。具备沟通交流、信息检索等通用能力。

2. 能查阅参考资料，独立整理雕刻和装饰所需蔬菜和水果等原料、工具清单并说明用量和质量要求，正确用料，避免浪费；在教师指导下进行简单的图样构思，根据出品要求独立确定直刻、旋刻、戳、切削、切刻、切卡、水泡、扦插、卷、包等工艺流程、加工工序、成型程序、成品特点、加工关键或质量要求，把握雕刻工具和刀法技术要点；制订雕刻和装饰制作计划。具备审美意识、成本意识、效率意识、标准意识等素养。

3. 能根据工具性能规范使用各种雕刻工具，使用直刀、削刀、刻刀、旋刀、戳刀等刀法进行简易花卉的雕刻；运用切削、切刻、切卡、水泡、扦插、卷、包等手法进行简易装饰的制作；采用冷水浸泡法、低温保藏法等对雕刻和装饰成品进行保鲜；能严格执行企业作业规程和餐饮行业管理要求，操作过程安全规范。具备审美意识、质量意识、规范意识、食品卫生意识等素养。

4. 能采用目视、触摸等方法，运用烹饪美学知识对花卉造型、比例和装饰形态、颜色搭配、表现形式等方面进行检查，并按照质量标准对成品进行检测；能阐述成品制作过程和自检结果，听取教师和同学的反馈。具备审美意识、诚信敬业等素养。

5. 能遵守食品行业从业人员相关操作卫生要求及标准，按照企业“6S”管理制度收档，余料送还，工具归位，对工作台面及工作区域进行清扫整理，具备良好的卫生习惯；能根据综合质量评价反馈，依据基础雕刻与菜肴装饰的加工标准，在教师的引导下对工作过程和成品进行总结反思，思考存在的问题，与教师和同学沟通交流，寻求解决方法。具备环保意识、节约意识、总结反思、归纳整理等通用能力和素养。

学习内容

本课程的主要学习内容包括：

一、任务单的阅读分析及资料的查阅

实践知识：

1. 基础雕刻与菜肴装饰任务单的阅读分析；
2. 数量、规格、时效、标准等任务关键信息的提取。

理论知识：

1. 基础雕刻与菜肴装饰的概念及种类；
2. 基础雕刻与菜肴装饰的工作内容与要求；
3. 基础雕刻与菜肴装饰基本方法及原则。

二、基础雕刻与菜肴装饰方案的制定

实践知识：

1. 刀具等工具、设备领用单的填写；
2. 原料领用单的填写；
3. 基础雕刻与菜肴装饰工艺流程的填写。

理论知识：

1. 基础雕刻与菜肴装饰厨房工具、设备、盛器的功能、使用方法及消毒要求；
2. 基础雕刻与菜肴装饰原料的选择及质量鉴别方法；
3. 基础雕刻与菜肴装饰原料的特性及刀法选择方法；
4. 基础雕刻与菜肴装饰的基本步骤；
5. 常见基础雕刻与菜肴装饰的成品标准及要求。

三、基础雕刻与菜肴装饰任务的实施

实践知识：

1. 直刻法花卉雕刻，如菊花葱、四角花、蔷薇花等；
2. 旋刻法花卉雕刻，如三瓣月季、五瓣月季等；
3. 戳刀法花卉雕刻，如大丽花、松针菊等；
4. 切削切刻类果蔬盘饰制作，如洋葱荷花、吉庆块等；
5. 切卡类果蔬盘饰制作，如佛手花、盘饰蝴蝶等；
6. 水泡扦插类果蔬盘饰制作，如蒜薹花藤等；
7. 卷包类果蔬盘饰制作，如卷片牡丹花、包片月季花等。

理论知识：

1. 直刀、削刀、刻刀、旋刀、戳刀等刀法步骤和应用技巧；
2. 切削、切刻、切卡、水泡、扦插、卷、包等简易装饰制作手法的运用技巧；
3. 各种雕刻和盘饰制作的工艺流程、加工工序、成型程序、成品特点、加工关键及质量要求。

四、基础雕刻与菜肴装饰任务的验收交付

实践知识：

1. 目测等感官鉴别质量的主观判定；

2. 称重、测长等质量自检的客观判定；

3. 基础雕刻与菜肴装饰成品的存储保鲜。

理论知识：

1. 感官鉴别的种类、方法及要求；

2. 质量检验的概念、目的、方法、要求等；

3. 雕刻、饰品的保管方法。

五、基础雕刻与菜肴装饰任务的总结反馈

实践知识：

1. 剩余原料的处置和储存；

2. 厨余垃圾的处理；

3. 工具、设备、盛器等厨房设备设施的清洗、消毒、归位及环境卫生质量的判断；

4. 基础雕刻与菜肴装饰要点的摘要式归纳；

5. 反馈意见和存在问题的清单记录及改进举措工作单的填写；

6. 工作总结表单的填写。

理论知识：

1. 雕刻原料的储存保鲜方法；

2. 厨余垃圾的分类处理方法；

3. 加工工具、设备的清洗流程及消毒方法；

4. 厨房环境卫生标准；

5. 各类原料雕刻、菜肴装饰的加工要点和流程；

6. 基础雕刻与菜肴装饰成品的评价标准。

六、通用能力、职业素养、思政素养

自主学习、自我管理、信息检索、理解与表达、交往与合作、创新思维、解决问题等通用能力，安全意识、营养卫生意识、规范意识、效率意识、成本意识、环保意识、质量意识、市场意识、服务意识、美学素养等职业素养，以及文化自信、劳模精神、劳动精神、工匠精神等思政素养。

参考性学习任务

序号	名称	学习任务描述	参考学时
1	直刻法花卉雕刻	某中餐厅厨房收到零点订单炸紫酥肉 1 份，冷菜主管安排冷菜厨师在 15 分钟内完成 10 个菊花葱成品制作，用于炸紫酥肉的点缀，要求菊花葱外形美观、干净卫生。 学生从教师处领取任务后，确定菊花葱成品特点；整理原料清单和制作工艺流程，制订工作计划；进行原料细加工；运用直刻法的制作工艺进行加工，完成后交由教师验收；验收合格后，用于菜肴成品点缀。	30

续表

1	直刻法花卉雕刻	工作过程中严格执行企业操作规程和餐饮行业管理规定，参照食品安全、环境卫生相关要求实施。	
2	旋刻法花卉雕刻	某中餐厅厨房收到第二天宴席订单5桌，冷菜主管安排冷菜厨师在50分钟内完成10朵三瓣月季花成品制作，用于第二天宴席菜肴的点缀，要求成品外形美观、干净卫生。 学生从教师处领取任务后，确定三瓣月季花成品特点；整理原料清单和制作工艺流程，制订工作计划；进行原料细加工；运用旋刻法的制作工艺进行加工，完成后交由教师验收；验收合格后，用于菜肴成品点缀。 工作过程中严格执行企业操作规程和餐饮行业管理规定，参照食品安全、环境卫生相关要求实施。	26
3	戳刀法花卉雕刻	某中餐厅厨房收到订单香酥鸡1份，冷菜主管安排冷菜厨师在15分钟内完成1朵大丽花成品制作，用于香酥鸡的点缀，要求大丽花外形美观、颜色鲜艳、干净卫生。 学生从教师处领取任务后，确定大丽花成品特点；整理原料清单和制作工艺流程，制订工作计划；进行原料细加工；运用戳刀法的制作工艺进行加工，完成后交由教师验收；验收合格后，用于菜肴成品点缀。 工作过程中严格执行企业操作规程和餐饮行业管理规定，参照食品安全、环境卫生相关要求实施。	26
4	切削切刻类果蔬盘饰制作	某中餐厅厨房收到第二天宴席订单5桌，冷菜主管安排冷菜厨师在100分钟内完成50个三条腿萝卜（吉庆块）制作，30分钟内完成5朵洋葱荷花制作，用于第二天宴席菜肴的点缀，要求三条腿萝卜（吉庆块）、洋葱荷花外形美观、干净卫生。 学生从教师处领取任务后，确定三条腿萝卜（吉庆块）、洋葱荷花成品特点；整理原料清单和制作工艺流程，制订工作计划；进行原料细加工；运用切削、切刻的制作工艺进行加工，完成后交由教师验收；验收合格后，用于菜肴成品点缀。 工作过程中严格执行企业操作规程和餐饮行业管理规定，参照食品安全、环境卫生相关要求实施。	26
5	切卡类果蔬盘饰制作	某中餐厅厨房收到第二天宴席订单5桌，冷菜主管安排冷菜厨师在50分钟内完成50个盘饰佛手花制作，50分钟内完成50个盘饰蝴蝶制作，50分钟内完成50个盘饰橙子小兔制作，用于第二天宴席菜肴的点缀，要求盘饰佛手花、盘饰蝴蝶、盘饰橙子小兔外形美观、干净卫生。	26

续表

5	切卡类果蔬盘饰制作	学生从教师处领取任务后，确定盘饰佛手花、盘饰蝴蝶、盘饰橙子小兔成品特点；整理原料清单和制作工艺流程，制订工作计划；进行原料细加工；运用切卡的制作工艺进行加工，完成后交由教师验收；验收合格后，用于菜肴成品点缀。 工作过程中严格执行企业操作规程和餐饮行业管理规定，参照食品安全、环境卫生相关要求实施。	
6	水泡扦插类果蔬盘饰制作	某中餐厅厨房收到第二天宴席订单5桌，冷菜主管安排冷菜厨师在15分钟内完成10个蒜薹花藤制作、60分钟内完成20朵插花制作，用于第二天宴席菜肴的点缀，要求蒜薹花藤、插花外形美观、干净卫生。 学生从教师处领取任务后，确定蒜薹花藤、插花成品特点；整理原料清单和制作工艺流程，制订工作计划；进行原料细加工；运用水泡、扦插的制作工艺进行加工，完成后交由教师验收；验收合格后，用于菜肴成品点缀。 工作过程中严格执行企业操作规程和餐饮行业管理规定，参照食品安全、环境卫生相关要求实施。	26
7	卷包类果蔬盘饰制作	某中餐厅厨房收到第二天宴席订单5桌，冷菜主管安排冷菜厨师在25分钟内完成5朵卷片牡丹花制作，25分钟内完成5朵包片月季花制作，用于第二天宴席菜肴的点缀，要求卷片牡丹花、包片月季花外形美观、干净卫生。 学生从教师处领取任务后，确定卷片牡丹花、包片月季花成品特点；整理原料清单和制作工艺流程，制订工作计划；进行原料细加工；运用卷、包的制作工艺进行加工，完成后交由教师验收；验收合格后，用于菜肴成品点缀。 工作过程中严格执行企业操作规程和餐饮行业管理规定，参照食品安全、环境卫生相关要求实施。	20

教学实施建议

1. 师资要求

任课教师需具有基础雕刻与菜肴装饰的实践经验，具备基础雕刻与菜肴装饰一体化课程教学设计与一体化课程教学资源选择与应用等能力，并具备中式烹调师三级及以上的职业资格。

2. 教学组织方式方法建议

采用任务导向教学方法。为确保教学安全，提高教学效果，建议采用分组教学的形式（4~6人/组）；在完成工作任务过程中，教师需加强示范与指导，注重学生职业素养和规范操作的培养。

3. 教学资源配置建议

（1）教学场地

中式烹调一体化学习工作站需具备良好的安全性能、照明和通风条件。可分为集中教学区、分组实践区、信息检索区、工具存放区和成果展示区，并配备相应的多媒体教学设备、资料柜、餐具柜、白板、冰箱等设施，面积以至少同时容纳 30 人开展教学活动为宜。

（2）工具、材料、设备

按组配备：雕刻刀具、文具、砧板、餐具、盛器、抹布；图画本、牙签、保鲜盒、保鲜膜；常见萝卜、黄瓜、西红柿、车厘子等果蔬类原料。

（3）教学资料

冷拼与食品雕刻、中式烹调师（初中高）等教材及相应的工作页、信息页、教学课件、菜谱、任务单（点菜单）、材料清单、工作记录单、菜品质量标准卡、意见反馈表、操作规程、典型案例、技术规范、技术标准和数字化资源等。

4. 教学管理制度

执行一体化教学场所的管理规定，如需要进行校外课程实习和岗位实习，应严格遵守生产性实训基地、企业实习等管理规章制度。

教学考核要求

本课程考核采用过程性考核与终结性考核相结合的方式，课程考核成绩 = 过程性考核 ×60%+ 终结性考核 ×40%。

1. 过程性考核（60%）

过程性考核成绩由 7 个参考性学习任务考核成绩构成。其中，直刻法花卉雕刻、旋刻法花卉雕刻、戳刀法花卉雕刻的考核成绩占比分别为 20%；切削切刻类果蔬盘饰制作、切卡类果蔬盘饰制作、水泡扦插类果蔬盘饰制作、卷包类果蔬盘饰制作的考核成绩占比分别为 10%。

上述参考性学习任务的考核应以其学习目标为依据确定考核要点，设计考核项目。考核项目可分为技能考核类、学习成果类和通用能力观察类等类别，通过细化其评分细则，分别从专业能力、通用能力等维度对学生学习情况进行考核。

（1）技能考核类考核项目包括工具和原料的选用、雕刻工具的操作、原料分配、基础雕刻与菜肴装饰工艺流程的执行、半成品和成品质量的检验等关键操作技能和心智技能。

（2）学习成果类考核项目涉及各学习环节产出的学习成果，可运用原料清单、工具清单、工艺流程图、工作计划、雕刻与装饰制作成品、学习任务总结报告、学习任务过程评价表、基础雕刻与菜肴装饰作业指导书等多种形式。

（3）通用能力观察类考核项目包括与主管沟通，明确基础花卉和简单装饰制作工艺特点和成品质量标准等，考核学生沟通交流、信息检索等通用能力；根据出品要求独立确定直刻、旋刻等工艺流程，考核学生审美意识、效率意识、成本意识、标准意识等素养；使用目视、测量等方法对花卉造型、比例等特征进行检查，考核学生审美意识、规范意识、质量意识等素养；认真按时保质完成整个工作任务，考核学生诚信敬业、环保意识等素养。

续表

2. 终结性考核（40%）

学生根据任务情境要求，选用常见果蔬雕刻装饰原料，使用直刻、旋刻、戳、切削、切刻、切卡、水泡、扦插、卷、包等技法进行花卉和蔬果盘饰制作，成品达到刀工整齐，无伤瓣、掉瓣，色泽艳丽，装盘整洁美观、构图合理，符合食品卫生要求的出餐标准。

考核任务案例：果蔬雕刻——花卉看盘的制作

【情境描述】

某餐厅接到一桌中档宴席订单，顾客要求提供果蔬雕刻——花卉看盘。厨师主管向冷菜厨房派发任务，要求冷菜厨师在规定时间（90 分钟）内使用直刻、旋刻等技法完成花卉看盘的制作。成品要求去料干净，无伤瓣、掉瓣，主体高度不少于 25 cm，装盘干净整洁，构图合理。

【任务要求】

根据任务情境描述，在规定时间（90 分钟）内完成原料制坯、雕刻、组装等工作，完成果蔬雕刻——花卉看盘的制作任务。

1. 根据任务单，整理菜肴用料和工具清单，明确雕刻工艺流程，并以图示的形式进行描述；
2. 按计划制作料坯，要求料坯大小、形状尽量一致；
3. 制作果蔬类雕刻，要求雕刻成品形态美观、层次清晰、比例得当、结构合理，与主题创意相符，立体感强；
4. 菜肴烹制过程中严格遵守企业食品安全、卫生、环保等规定。

【参考资料】

完成上述任务时，可以使用所有常见的教学资料，如工作页、信息页、教材、参考书籍、网络视频、个人笔记等。

（五）复杂热菜制作课程标准

工学一体化课程名称	复杂热菜制作	基准学时	288
典型工作任务描述			

复杂热菜制作是指将经过精细加工和切配成型的中高档或工艺菜品原料，使用扒、煽、煨、贴、炖、拔丝、蜜汁等复杂烹制技法，并进行调色、调味、调香、调质，运用排、覆、堆、贴等手法进行盛装和点缀，制作成口味多样、外观精美菜肴的过程。按照烹调方法不同，复杂热菜可分为扒制、煽制、煨制、贴制、炖制、拔丝、蜜汁类菜肴。

复杂热菜具有选料讲究、工艺复杂、口味丰富、外观精美的特点，在餐饮企业中是宴席菜品或者顾客就餐消费时主点的一类中高档菜肴。制作此类菜肴时，厨师往往需要使用多种技法或多道工序，味型调制和外观装饰美化也更精细与讲究，具有较高的技术难度，通常由热菜主管指派高级工水平的厨师来完成。

高级工水平的厨师接受热菜主管下达的任务后，明确菜肴特征、制作要求及人员分工；确定工艺流程和技法要点，并领取切配好的原料；根据菜肴制作要求，进行制汤、调浆、制糊等准备工作；运用扒、煽、煨、贴、炖、拔丝、蜜汁等烹调技法对原料进行烹制，包括调色、调味、调香、调质、勾芡等；外观和口味等质量自检达标后装盘点缀，交付热菜主管检查，验收合格后，由服务员传送给顾客，并从业务部门收集顾客反馈意见，针对意见及时做出优化与调整。

复杂热菜成品应达到刀工精细、色泽鲜亮、造型美观、口味独特、安全卫生、营养均衡，并能促进人体健康等要求，盛装器皿与菜品协调一致。工作过程中，注意安全操作规范，避免人身伤害；合理计划成本，避免浪费，满足顾客合理的个性化需求。严格执行企业作业规程和餐饮行业管理要求，参照《中华人民共和国食品安全法》《中华人民共和国食品安全法实施条例》《餐饮服务食品安全监督管理办法》等法律法规以及 GB 31654—2021《食品安全国家标准　餐饮服务通用卫生规范》、T/CCA 004.2—2018《餐饮业就餐区和后厨环境卫生规范》等标准中的相关要求实施。

工作内容分析

工作对象：	工具、材料、设备与资料：	工作要求：
1. 获取任务： ①从热菜主管处领取任务； ②与热菜主管沟通制作和出品要求。 2. 制订计划： ①整理工具清单、原料清单； ②整理初加工、细加工和预熟处理流程，烹调加工流程和装盘点缀方式； ③明确操作安全规范和厨房卫生要求。 3. 实施任务： ①领取原料并开档； ②进行原料初加工、细加工和预熟处理； ③使用扒、煽、煨、贴、炖、拔丝、蜜汁等烹调技法进行菜肴制作； ④盛装点缀成品。 4. 验收交付： ①对菜品外观和口味进行自检；	1. 工具：砧板、刀具、餐具、厨具、盛器等； 2. 材料：与菜单相关的原料、调料等； 3. 设备：灶具、蒸箱、烤箱、炒锅、汤锅、冰箱等； 4. 资料：菜谱、任务单（点菜单）、材料清单、工作记录单、菜品质量标准卡、意见反馈表、企业操作规程、GB/T 27306—2008《食品安全管理体系　餐饮业要求》和 GB/T 28739—2012《餐饮业餐厨废弃物处理与利用设备》等。 **工作方法：** 1. 信息查阅与分析方法：中高档烹调原料质量鉴别、营养特点、烹调技法、与菜肴相关的饮食文化等内容的查阅与分析； 2. 原料加工方法：初加工、细加工、预熟处理、制汤等； 3. 调味方法：酱香、麻辣、酸甜等复合味型的调制方法；滚煨、淋汁、浇芡、随芡、热渗、裹浇等调味方法；保色、润色等调色方法；封闭、烟熏等调香方法；致嫩、增稠等调质方法； 4. 烹调技法：扒、煽、煨、贴、炖、拔丝、蜜汁等烹调技法；	1. 获取任务：与热菜主管充分沟通，明确出品时间、数量、质量、顾客个性化需求等关键信息； 2. 制订计划：根据企业作业规程和安全卫生要求，明确工具设备种类和规格，主辅料品种、数量、质量，主辅料细加工方式和规格、预熟处理方式和要求，确定扒、煽、煨、贴、炖、拔丝、蜜汁等烹调技法的工艺流程和火候、调味等要点； 3. 实施任务：根据企业操作规程和安全卫生要求，鉴别中高档原料质量并进行初加工、切配、预制处理；根据菜品质量和顾客个性化需求，按照扒、煽、煨、贴、炖、拔丝、蜜汁等烹调技法的工艺流程进行烹制，调制复合味型，装饰点缀后出品； 4. 验收交付：根据菜品质量标准，从火候、芡汁、调味等关键技术点的控制与运用等角

续表

②交由热菜主管进行复检； ③交付传菜员出品。 5. 总结反馈： ①收档并整理厨房； ②收集顾客意见并提出改进措施； ③总结菜肴制作过程中的经验并改进不足。	5. 装盘美化方法：排、覆、堆、贴等； 6. 出品质量检查方法：感官检查法等。 **劳动组织方式：** 在热菜主管的指导下，高级工水平的厨师以独立或小组合作的方式完成制作。从热菜主管处领取工作任务，明确制作菜肴品种、上菜时间和顾客需求；从库管员处领取原料，准备工具设备，根据出品要求进行加工烹制；自检后交付热菜主管复检，合格后由服务员送至顾客，填写工作记录单交至热菜主管。	度，检查菜品的品相、品味、品质等； 5. 总结反馈：按照餐饮行业管理规范整理厨房并归档，确认设备运行状态，归类整理存放工具，规范填写工作记录；及时整理顾客反馈或烹制中发现的问题，客观分析原因，提出改进措施。

课程目标

学习完本课程后，学生应当能够胜任鲜汤、扒制、煽制、煨制、贴制、炖制、拔丝、蜜汁类菜肴制作的工作，并能严格执行企业作业规程和餐饮行业管理要求，包括：

1. 能独立阅读任务单，明确扒、煽、煨、贴、炖、拔丝、蜜汁等技法的制作工艺特点、典型菜品、出餐时间和顾客要求。具备沟通交流、信息处理、文化传承等通用能力和素养。

2. 能根据企业作业规程和安全卫生要求，鉴别与选择合适的中高档干货原料、鲜活原料；明确扒、煽、煨、贴、炖、拔丝、蜜汁等烹调技法的工艺流程和火候、调味等控制要点；配合团队制订工作计划，并明确自己及团队成员的分工和要求。具备法治意识、营养均衡意识、效率意识、数字应用等通用能力和素养。

3. 能根据菜肴制作要求对烹饪原料进行规范加工、切配，进行复杂调浆、制糊、勾芡、挂糊、上浆、制汤等预制加工；运用调色、调味、调香、调质技术，使用扒、煽、煨、贴、炖、拔丝、蜜汁等烹饪技法制作菜肴；运用排、覆、堆、贴等方法进行盛装及点缀等。具备质量意识、创新意识、精益求精等素养。

4. 能依据菜品质量和卫生要求，从火候、芡汁、调味等关键技术的控制与运用等角度，采用目视、品尝等感官检验方法，检查菜品的色、香、味、形、质、量、营、卫、器等综合质量，核对顾客的个性化需求，并将菜品交付教师复核验收。具备质量意识、诚实守信等素养。

5. 能按照企业安全卫生要求，协同团队成员妥善保管剩余的各种原料和半成品；规范处理厨余垃圾；分类整理、清洗消毒、归位和保养各类设备和工具，整理工作场所，规范填写工作记录。具备解决问题、规范意识、节约意识、环保意识等通用能力和素养。

6. 能严格遵守职业道德，遵守餐饮卫生、劳动保护等相关规定，合理计划成本，避免浪费；能与团队成员沟通，针对反馈的问题提出解决措施，对工作过程的各个环节进行总结与反思。

学习内容

本课程的主要学习内容包括：

一、任务单的阅读分析及资料查阅

实践知识：

1. 任务单（点菜单）的阅读分析、任务关键信息的沟通与识别；

2. 扒、煽、煨、贴、炖、拔丝、蜜汁等复杂烹调技法的制作工艺、成品特点的分析与识别。

理论知识：

扒、煽、煨、贴、炖、拔丝、蜜汁等烹调技法的概念、分类、成品特点、典型菜品等。

二、复杂热菜制作方案的制定

实践知识：

1. 企业操作管理规范、相关菜谱与菜品质量标准卡、企业菜品制作手册等的查阅与使用；

2. 菜品制作计划的编制，包括材料与工具清单整理，宴席热菜和工艺热菜菜品的烹前切配、预制、烹调工艺流程、出品装盘点缀方式等的选择与确定。

理论知识：

1. 餐饮行业法律法规与厨房管理制度等相关知识，包括厨房管理制度、食品添加剂知识及使用注意事项、食品化学变化与热菜制作关系等；

2. 企业菜品质量标准相关知识，包括菜谱、菜品质量标准卡、原料特点和切配标准、菜肴制作工艺、菜品成品外观和口感等企业菜品质量标准与要求等；

3. 扒、煽、煨、贴、炖、拔丝、蜜汁等烹调技法的原料配制特点、烹制工艺流程、技术关键等。

三、复杂热菜制作任务的实施

实践知识：

1. 中高档干货原料、鲜活原料的质量鉴别与初加工、细加工；

2. 一般宴席热菜或工艺热菜的组配；

3. 原料预制加工处理：茸胶类加工制作、茸胶类菜品成型预制；

4. 运用包、卷、扎、叠、酿、穿等手法完成花色工艺菜肴成型操作；

5. 清汤、奶汤制作；

6. 复杂调浆、制糊和勾芡等操作；

7. 调色、调味质量判别；

8. 火候的识别与判断；

9. 芡汁质量识别与判断；

10. 扒、煽、煨、贴、炖、拔丝、蜜汁等复杂热菜制作。

理论知识：

1. 中高档干货原料（鱿鱼、墨鱼、鱼肚等）、鲜活原料（贝类、爬行类、软体类、虾蟹类等）及调料等的分类、特点、质量鉴别方法；

2. 中高档烹饪原料初加工、细加工的方法与技术要求；

3. 一般宴席热菜和工艺热菜的组配原则、营养搭配技巧、营养素在烹调中的变化等；

4. 原料预制加工方法：茸胶的分类及特点、制作原理、茸胶制品加工技法；

5. 包、卷、扎、叠、酿、穿等菜品成型手法的概念、相关技术要求；

6. 清汤、奶汤的种类及制作原理、制作方法及操作要点；

7. 复杂调浆、制糊和勾芡等操作方法及操作要点；

8. 菜肴色、香、味、质的概念；复杂热菜调色、调味、调香、调质的工艺方法、调制原理、技术关键等；保色、润色等调色方法；封闭、烟熏等调香方法；热渗、裹浇等调味方法；致嫩、增稠等调质方法；

9. 扒、煽、煨、贴、炖、拔丝、蜜汁等复杂热菜烹调技法的操作关键。

四、复杂热菜制作任务的验收交付

实践知识：

菜肴成品感官测评。

理论知识：

复杂热菜制作质量评估方法，包括火候、调味、芡汁等关键技术的控制与运用，对菜品的色、香、味、形、质、量、营、卫、器等感官综合测评的方法。

五、复杂热菜制作任务的总结反馈

实践知识：

1. 厨房环境卫生的验收判断，厨房管理方法的优化；

2. 反馈问题的收集与整理、问题的分析与改进；

3. 复杂热菜烹调技法总结和整理，包括复杂热菜制作过程中问题的反思，技术关键与经验的总结，制汤及扒、煽、煨、贴、炖、拔丝、蜜汁类典型菜品制作优化方案的编写。

理论知识：

1. 中高档烹饪原料半成品和成品的保鲜及存储方法；

2. 厨房环境布局对生产操作的影响；厨房收档操作规程的优化方法与措施；

3. 厨房环境卫生标准；

4. 制汤、扒、煽、煨、贴、炖、拔丝、蜜汁类复杂热菜烹制过程、技术关键等方面的常见问题及原因；典型菜肴制作的优化方法与措施等。

六、通用能力、职业素养、思政素养

自主学习、自我管理、信息检索、理解与表达、交往与合作、创新思维、解决问题等通用能力，安全意识、营养卫生意识、规范意识、效率意识、成本意识、环保意识、质量意识、市场意识、服务意识、美学素养等职业素养，以及文化自信、劳模精神、劳动精神、工匠精神等思政素养。

参考性学习任务

序号	名称	学习任务描述	参考学时
1	鲜汤制作	某中餐厅接到宴席订单，要求预制加工厨师在规定时间内进行鲜汤制作，为制作宴席中的汤品菜肴（如花旗参炖乌鸡、清汤鸡丸等）做准备。 学生从教师处领取任务后，明确工作计划及制作要求，领取原料；根据鲜汤制作（如清汤、奶汤等）要求对原料进行刀工和预熟处理，	36

续表

1	鲜汤制作	按照操作规程进行炖、煲等加工烹制，注意火候的把控，完成后交由教师验收，合格交付后进行正式烹调。 制作过程应合理计划成本，避免浪费，严格执行企业操作规程和餐饮行业管理要求，遵守《中华人民共和国食品安全法》相关规定。	
2	扒制菜肴制作	某餐厅销售部收到顾客预订的一桌商务宴席，订单中包含扒制类菜肴一份（如扒金针素翅、香菇扒油菜等），热菜主管安排热菜厨师在规定的时间内完成菜肴制作，按照出菜标准，验收合格后供顾客食用。 学生从教师处领取任务后，确定热菜的口味特点；整理主辅料清单和制作工艺流程，制订工作计划；原料预熟处理后根据要求进行成型加工，原料处理要求整齐划一；能分辨油温（水温），注意火候把控、勾芡程度及调味调色，运用扒制（如红扒、白扒等）工艺进行制作，盛装点缀后交由教师验收；验收合格后，及时接受反馈意见，并针对意见及时做出工作调整，形成工作闭环。 制作过程应合理计划成本，避免浪费，严格执行企业操作规程和餐饮行业管理要求，遵守《中华人民共和国食品安全法》相关规定。	48
3	㸆制菜肴制作	某餐厅销售部收到顾客预订的一桌商务宴席，订单中包含㸆制类菜肴一份（如锅㸆豆腐），热菜主管安排热菜厨师在规定的时间内完成菜肴制作，按照出菜标准，验收合格后供顾客食用。 学生从教师处领取任务后，确定热菜的口味特点；整理主辅料清单和制作工艺流程，制订工作计划；进行主料细加工和预熟处理，注意选择合适的原料，其选择处理多为扁平状；加入鲜汤后，运用㸆制（如油㸆、水㸆等）工艺进行制作，注意火候把控，是否勾芡根据汤汁多少而定，盛装点缀后交由教师验收；验收合格后，及时接受反馈意见，并针对意见及时做出工作调整，形成工作闭环。 制作过程应合理计划成本，避免浪费，严格执行企业操作规程和餐饮行业管理要求，遵守《中华人民共和国食品安全法》相关规定。	42
4	煨制菜肴制作	某餐厅销售部收到顾客预订的一桌商务宴席，订单中包含煨制类菜肴一份（如红煨方肉），热菜主管安排热菜厨师在规定的时间内完成菜肴制作，按照出菜标准，验收合格后供顾客食用。 学生从教师处领取任务后，确定热菜的口味特点；整理主辅料清单和制作工艺流程，制订工作计划；进行主料细加工和预熟处理，注意熟处理的程度；选择合适的汤和调料后，运用煨制工艺进行制作，注意火候的把控及汤汁的多少等，盛装点缀后交由教师验收；验收合格后，及时接受反馈意见，并针对意见及时做出工作调整，	42

续表

4	煨制菜肴制作	形成工作闭环。 制作过程应合理计划成本，避免浪费，严格执行企业操作规程和餐饮行业管理要求，遵守《中华人民共和国食品安全法》相关规定。	
5	贴制菜肴制作	某餐厅销售部收到顾客预订的一桌商务宴席，订单中包含贴制类菜肴一份（如锅贴鱼），热菜主管安排热菜厨师在规定的时间内完成菜肴制作，按照出菜标准，验收合格后供顾客食用。 学生从教师处领取任务后，确定热菜的口味特点；根据贴制所用原料的要求，整理主辅料清单和制作工艺流程，制订工作计划；进行主料细加工（做成饼状或厚片状）和预制处理，如是否挂糊等；运用贴制工艺进行制作，注意火候把控、油量多少等，盛装点缀后交由教师验收；验收合格后，及时接受反馈意见，并针对意见及时做出工作调整，形成工作闭环。 制作过程应合理计划成本，避免浪费，严格执行企业操作规程和餐饮行业管理要求，遵守《中华人民共和国食品安全法》相关规定。	42
6	炖制菜肴制作	某餐厅销售部收到顾客预订的一桌商务宴席，订单中包含炖制类菜肴一份（如清炖鸡、侉炖鱼等），热菜主管安排热菜厨师在规定的时间内完成菜肴制作，按照出菜标准，验收合格后供顾客食用。 学生从教师处领取任务后，确定热菜的口味特点；整理主辅料清单和制作工艺流程，制订工作计划；进行主料细加工和预熟处理；分别运用炖制（如清炖、侉炖等）的制作工艺进行制作，盛装点缀后交由教师验收；验收合格后，及时接受反馈意见，并针对意见及时做出工作调整，形成工作闭环。 制作过程应合理计划成本，避免浪费，严格执行企业操作规程和餐饮行业管理要求，遵守《中华人民共和国食品安全法》相关规定。	24
7	拔丝菜肴制作	某餐厅销售部收到顾客预订的一桌商务宴席，订单中包含拔丝类菜肴一份（如拔丝香蕉），热菜主管安排热菜厨师在规定的时间内完成菜肴制作，按照出菜标准，验收合格后供顾客食用。 学生从教师处领取任务后，确定热菜的口味特点；整理主辅料清单和制作工艺流程，制订工作计划；进行主料细加工和预熟处理；合理选择油炒糖、水炒糖、水油炒糖等方式进行拔丝菜肴制作，注意蔗糖加热变化的把控，盛装点缀后交由教师验收；验收合格后，及时接受反馈意见，并针对意见及时做出工作调整，形成工作闭环。 制作过程应合理计划成本，避免浪费，严格执行企业操作规程和餐饮行业管理要求，遵守《中华人民共和国食品安全法》相关规定。	30

续表

8	蜜汁菜肴制作	某餐厅销售部收到顾客预订的一桌商务宴席，订单中包含蜜汁类菜肴一份（如蜜汁藕丸），热菜主管安排热菜厨师在规定的时间内完成菜肴制作，按照出菜标准，验收合格后供顾客食用。 学生从教师处领取任务后，确定热菜的口味特点；整理主辅料清单和制作工艺流程，制订工作计划；进行主料细加工和预熟处理；合理选择油炒糖、水炒糖、水油炒糖等方式进行蜜汁菜肴制作，注意蔗糖加热变化的把控，盛装点缀后交由教师验收；验收合格后，及时接受反馈意见，并针对意见及时做出工作调整，形成工作闭环。 制作过程应合理计划成本，避免浪费，严格执行企业操作规程和餐饮行业管理要求，遵守《中华人民共和国食品安全法》相关规定。	24

教学实施建议

1. 师资要求

任课教师需具有复杂热菜制作的实践经验，具备复杂热菜制作一体化课程教学设计与一体化课程教学资源选择与应用等能力，并具备中式烹调师二级及以上的职业资格。

2. 教学组织方式方法建议

采用任务导向教学方法。为确保教学安全，提高教学效果，建议采用分组教学的形式（4~6 人 / 组）；在完成工作任务的过程中，教师需加强示范与指导，注重学生职业素养和规范操作的培养。

3. 教学资源配置建议

（1）教学场地

中式烹调一体化学习工作站需具备良好的安全性能、照明和通风条件。可分为集中教学区、分组实践区、信息检索区、工具存放区和成果展示区，并配备相应的多媒体教学设备、炉灶、冰箱、排烟等设施设备，面积以至少同时容纳 30 人开展教学活动为宜。

（2）工具、材料、设备

按组配备：砧板、刀具、餐具、盛器、厨具、灶具，菜单相关的热菜制作原料、调料等。另外配置煤气泄漏检测、灭火器和灭火毯等消防设施设备等。

（3）教学资料

烹调技术、中式烹调师（初中高）等教材及相应的工作页、信息页、教学课件、菜谱、任务单（点菜单）、材料清单、工作记录单、菜品质量标准卡、意见反馈表、操作规程、典型案例、技术规范、技术标准和数字化资源等。

4. 教学管理制度

执行一体化教学场所的管理规定，如需要进行校外课程实习和岗位实习，应严格遵守生产性实训基地、企业实习等管理规章制度。

教学考核要求

本课程考核采用过程性考核与终结性考核相结合的方式，课程考核成绩 = 过程性考核 ×60%+ 终结性考核 ×40%。

1. 过程性考核（60%）

过程性考核成绩由 8 个参考性学习任务考核成绩构成。其中，扒制、贴制、拔丝类菜肴制作的考核成绩占比分别为 20%；㸆制、煨制、蜜汁类、炖制、鲜汤类菜肴制作的考核成绩占比分别为 8%。

上述参考性学习任务的考核应以其学习目标为依据确定考核要点，设计考核项目。考核项目可分为技能考核类、学习成果类和通用能力观察类等类别，通过细化其评分细则，分别从专业能力、通用能力等维度对学生学习情况进行考核。

（1）技能考核类考核项目包括食材的选用与质量鉴别、原料初加工、原料细加工、茸胶类加工制作、火候的识别与运用、芡汁的识别与运用、菜品制作工艺流程的执行、半成品与菜品质量的检验等关键的操作技能和心智技能。

（2）学习成果类考核项目涉及各学习环节产出的学习成果，可运用原料清单、菜品加工生产岗位职责及成员分工安排表、原料调研分析表（时令、特性、功能、价格、市场供应情况等）、菜品加工工艺流程图、关键技术点分析思维导图、工作计划、菜谱、复杂热菜菜肴半成品及成品、实训日志等多种形式。

（3）通用能力观察类考核项目包括与热菜主管沟通明确出品时间、数量和质量要求、顾客个性化需求等，考核学生沟通交流、信息检索等通用能力；明确工具设备要求、主辅料要求，确定烹调工艺流程和火候、调味等要点，考核学生效率意识、营养均衡意识等素养；使用扒、煨、炖等烹调方法进行烹制，调制复合味型，装饰点缀后组织出品等，考核学生质量意识、创新意识等素养；认真按时保质完成整个工作任务，考核学生诚实守信、精益求精、文化传承等素养。

2. 终结性考核（40%）

学生根据任务情境要求，按照企业操作规范，选用常见烹饪原料、调料，整理原料初加工、细加工和扒、㸆、煨、贴、炖、拔丝、蜜汁等制作工艺流程；按照菜品要求对原料进行刀工处理后上浆腌制，鉴别油温并掌握火候、调味、勾芡等技艺，使用扒、㸆、煨、贴、炖、拔丝、蜜汁等技法，结合酱香、麻辣、酸甜等复合味型调味，完成菜肴制作，使菜品达到色、香、味、形、意、养等方面的出餐标准。在规定时间内完成指定复杂热菜的制作，按照菜品质量标准对菜品进行自检。

考核任务案例：“四宝扒菜胆”菜肴制作

【情境描述】

某餐厅午餐期间，有顾客点菜“四宝扒菜胆”，要求在规定时间（20 分钟）内出菜交给热菜主管，并由热菜主管评价合格后上菜。菜肴出品要求层次分明、造型美观、芡汁光亮匀滑，能保持多种原料的滋味。

【任务要求】

根据任务情境描述，在规定时间（20 分钟）内整理原料初加工、细加工和扒制工艺流程，完成四宝扒菜胆的制作。

1. 根据任务单，整理菜肴主料、辅料和调料清单，明确剞花刀、腌制、扒制等工艺流程并以图示的形式进行描述；

2. 领取原料后进行初加工、细加工（用刀片去“外衣”，再在鹅肾肉刻“井”字花纹，改成肾球；用斜刀在鲜鱿表面刻花，再斜刀切件；用平刀将鸡肉片成厚片，略刻刀花，改成“日”字形的鸡球），要求出

续表

成率控制在 80% 以上，损耗率不得超出毛料质量的 20%；

3. 热锅凉油，加入汤水、精盐，放入菜胆，煸至熟，倒入疏壳内，滤去水分；再热锅凉油，放入菜胆，以芡汤、湿淀粉勾芡炒匀，加包尾油后整齐摆放在盘中；

4. 对鹅肾球、鸡球、带子、鲜鱿等剞花刀腌制后进行初步熟处理，要求拉油油温控制在三四成热（90 ~ 120 ℃）；

5. 调味勾芡加包尾油和匀后，将“四宝”摆在菜胆表面，要求出品层次分明、造型美观、芡汁光亮匀滑；

6. 菜肴烹制过程中严格遵守企业食品安全、卫生、环保等规定。

【参考资料】

完成上述任务时，可以使用所有常见的教学资料，如工作页、信息页、教材、参考书籍、网络视频、个人笔记等。

（六）复杂冷菜制作课程标准

工学一体化课程名称	复杂冷菜制作	基准学时	288
典型工作任务描述			

复杂冷菜制作是指常见原料及其加工品经泡、煮、过油、炒制等方式熟处理后，采用熏、糟、凝冻、挂霜、琉璃、酒醉等烹调技法进行再烹制和调味，形成在常温下可食用，并以艺术拼摆达到特有美食效果的菜肴的过程。复杂冷菜根据烹制技法可以分为熏制、糟制、凝冻、挂霜、琉璃、酒醉等菜肴，复杂冷菜拼盘主要指半立体花色拼盘。

在星级酒店和品牌饭店中，复杂冷菜是顾客点单率较高的菜品，呈现出原料新鲜、口感鲜美、造型优美、装盘考究等特点，反映餐饮机构厨艺水平。复杂冷菜制作中，厨师需熟知原料特性、掌握多种烹调技法和复合调味方法，并使用拼摆手法制作半立体或立体造型。该类工作具有较高的技术难度，通常由冷菜主管指派具有高级工水平的厨师承担。

高级工水平的厨师从冷菜主管处领取任务后，确定菜肴原料、口味、分量和时间等制作要求；整理原料清单和工艺流程，形成菜肴制作方案；领取加工切配的原料及盛装器皿，并运用泡、煮、炸、炒、蒸、煎等方式进行初步熟处理，使用熏、糟、凝冻、挂霜、琉璃、酒醉等技法进行再烹制，调味后成为全熟或能直接食用的半成品；根据菜肴成品标准改刀成丝、片、块、条等形状，配以味汁、围边点缀装饰物后装盘，采用排、堆、叠、围、摆、覆等手法拼摆成花鸟鱼虫等造型；自检后交付冷菜主管验收合格后，由服务员把菜肴传送给顾客，并从业务部门收集顾客反馈意见。

厨师需按照分量、口味、上菜时间等要求合理安排菜肴准备、预制和制作工作，并根据规定的工艺流程和出餐标准完成制作。严格执行企业作业规程和餐饮行业管理要求，参照《中华人民共和国食品安全法》《食品生产许可管理办法》《中华人民共和国环境保护法》《餐饮服务食品安全操作规范》《餐饮业经营管理办法（试行）》等法律法规以及 GB/T 27306—2008《食品安全管理体系　餐饮业要求》、GB/T 28739—2012《餐饮业餐厨废弃物处理与利用设备》、T/CCA 004.2—2018《餐饮业就餐区和后厨环境卫生

续表

规范》等标准中的相关要求实施。

工作内容分析		
工作对象： 1. 获取任务： ①从冷菜主管处领取任务； ②与冷菜主管沟通任务细节，明确要求。 2. 制订计划： ①确定主辅料和工具； ②确定原料加工、熟制处理、加工调味、拼摆成型工作流程； ③明确操作安全规范和厨房卫生要求。 3. 实施任务： ①领取原料； ②开档； ③原料初加工和细加工； ④使用煮制、炒制、泡制等烹饪方式进行熟制处理； ⑤使用熏、糟、凝冻、挂霜、琉璃、酒醉等技法进行加工； ⑥使用拌、浇、淋、蘸等技法调味； ⑦使用排、堆、叠、围、摆、覆等手法制成半立体花色拼盘和果盘造型； ⑧装饰点缀成品并装盘。 4. 验收交付： ①检查冷菜卫生标准是否符合要求； ②检查菜品外观和口味是否达到出菜要求； ③交付冷菜主管进行复检； ④交付传菜员出品。 5. 总结反馈：	**工具、材料、设备与资料：** 1. 工具：熏锅、酱桶、炒锅、手勺、刀具、砧板、厨房电子秤、厨房清洁用具等； 2. 材料：蔬菜类、水果类、豆类、坚果类、熟肉类、蛋类、水产类等常见原料以及各种调味料、香辛料； 3. 设备：灶具、蒸箱、烤箱、汤锅、冰箱等； 4. 资料：菜谱、任务单（点菜单）、材料清单、工作记录单、菜品质量标准卡、意见反馈表、企业操作规程、GB/T 27306—2008《食品安全管理体系　餐饮业要求》和GB/T 28739—2012《餐饮业餐厨废弃物处理与利用设备》等。 **工作方法：** 1. 熏、糟、凝冻、挂霜、琉璃、酒醉等烹调方法； 2. 熏香、糟香、麻辣、红油、蒜泥、糖醋和姜汁等味汁调制方法； 3. 花鸟鱼虫等半立体造型拼盘的制作方法； 4. 成品和半成品的贮存方法。 **劳动组织方式：** 在冷菜主管的指导下，高级工水平的厨师以独立或小组合作的方式完成制作。厨师从冷菜主管处领取工作任	**工作要求：** 1. 获取任务：与冷菜主管充分沟通，明确复杂冷菜的主要类型、工艺特点、典型菜品和口味特征，确定菜品口味、分量、出品时间等制作要求； 2. 制订计划：根据国家卫生和安全规定、企业操作规程等要求，确定所需工具、盛器、设备的消毒方法，明确常见的主辅料原料清单，确定初加工和细加工、熟制处理、加工调味、拼摆成型的工艺流程，确定火候控制、调味方法、拼摆方式以及进度计划等要点，最终形成工作计划； 3. 实施任务：按菜肴出品要求完成原料质量的鉴别；将原料加工成符合菜肴出品要求的半成品；调制常用的味汁；按菜品要求将原料按熏、糟、凝冻、挂霜、琉璃、酒醉等方法进行预制加工；使用排、堆、叠、围、摆、覆等手法，利用四种荤料、三种素料进行花鸟鱼虫等造型的拼盘制作，采用拌、浇、淋、蘸等手法进行调味；使用恰当的器皿和点缀物进行菜品的盛装和装饰，完成复杂冷菜制作； 4. 验收交付：依据出品要求，通过看、闻、尝等主观判定或者使用电子秤、量尺等量具进行客观测量，对复杂冷菜的卫生、刀工、味道、拼摆图形、色彩搭配、尺寸比例等方面进行检查； 5. 总结反馈：根据企业管理要求对剩余原料和边角料等进行有效处置；按照“6S”管理制度整理冷菜间，完成收档工作；与服务员沟通，从外观、口

续表

①整理冷菜间； ②询问服务员，收集顾客意见； ③整理熏、糟、凝冻、挂霜、琉璃、酒醉菜品制作要点。	务并沟通细节；从库管员处领取原料；在指导下完成菜肴制作后进行自检；交付冷菜主管复检，合格后由服务员送至顾客。	感、味道、分量等方面收集顾客意见；记录菜品制作过程中出现的问题并提出解决措施；整理熏、糟、凝冻、挂霜、琉璃、酒醉菜品制作要点。

课程目标

学习完本课程后，学生应当能够胜任熏制、糟制、凝冻、挂霜、琉璃、酒醉菜肴和半立体花色拼盘制作等工作，并能严格执行企业作业规程和餐饮行业管理要求，包括：

1. 能识读冷菜制作任务单，明确熏、糟、凝冻、挂霜、琉璃、酒醉等冷菜制作技法和花色拼盘、果盘的主要类型、工艺特点、典型菜品和口味特征，明确菜品用料、口味、分量、外观等出品要求和数量、时间等工作要求。具备沟通交流、信息处理、文化传承等通用能力和素养。

2. 能根据任务单要求，独立整理菜品主辅料用量和质量要求的清单，选择适合的工用具、设备和盛器；独立整理初加工和细加工、熟制处理、加工调味、拼摆成型的工艺流程，掌握熏、糟、凝冻、挂霜、琉璃、酒醉等技法的火候、调味要点；能进行半立体花色拼盘和果盘制作的色彩搭配和图案设计；选择合适的工具和材料，分配工作时间，制订工作计划。具备成本意识、效率意识、法治意识、标准意识等素养。

3. 能遵守餐饮卫生、劳动保护等相关规定，按照企业规范进入工作区域；根据工作计划，独立领用原料并进行质量鉴别；运用蒸煮、浸泡等方法完成工具、设备、盛器等的消毒；使用加工技术将原料加工成符合出品要求的半成品；调制符合出品要求的各种味型的味汁；使用熏、糟、凝冻、挂霜、琉璃、酒醉等技法高质量地完成冷菜主辅料的预制加工；使用排、堆、叠、围、摆、覆等手法，采用四种荤料、三种素料进行花鸟鱼虫等半立体花色拼盘制作，把握色彩搭配、尺度比例的要领；采用拌、浇、淋、蘸等手法进行调味；使用量、称、尝、闻、蘸等方法完成菜品的质量控制；根据工作计划，控制好工作时间，在规定时间内完成符合相关标准和要求的复杂冷菜制作。具备诚信敬业、安全高效、成本意识、质量意识、规范意识、创新意识等素养。

4. 能依据出品要求，通过看、闻、尝等感官检验方法和使用仪器称重量、测温度、测规格等客观检测法独立对菜品的卫生、刀工、味道、重量、拼摆图形、色彩搭配、尺寸比例等进行质量自检，根据自检意见，独立进行完善并交付。具备审美意识、效率意识、客观公正等素养。

5. 能根据企业管理要求对剩余原料和边角料等进行有效处置，对使用后的冷菜制作间进行清扫整理，对制作工具和设备进行清洗、消毒和归位，按照企业“6S”管理制度高效完成收档；能从外观、口感、味道、分量等方面收集质量反馈意见；记录菜品制作过程中出现的问题，独立提出解决措施，合理计划成本，避免浪费；提炼熏、糟、凝冻、挂霜、琉璃、酒醉等技法的工作流程和操作要点。具备总结归纳、安全意识、食品卫生意识、节约意识、精益求精等通用能力和素养。

学习内容

本课程的主要学习内容包括：

一、任务单的阅读分析及资料的查阅

实践知识：

1. 任务单的阅读分析、任务关键信息的沟通与识别；

2. 冷菜厨房卫生管理制度的执行；

3. 冷菜厨房工具、设备的安全操作；

4. 熏制、糟制、凝冻、挂霜、琉璃、酒醉等技法制作工艺、成品特点的分析与识别；

5. 花色拼盘的制作工艺、成品特点的分析与识别。

理论知识：

1. 复杂冷菜的定义、组成及特点；

2. 冷菜厨房食品原料管理和储存方法；

3. 冷菜厨房工具、设备的功能和操作方法；

4. 熏制、糟制、凝冻、挂霜、琉璃、酒醉等复杂冷菜制作技法的概念、分类、成品特点、典型菜品等；

5. 花色拼盘的概念、分类、成品特点、典型菜品等。

二、复杂冷菜制作方案的制定

实践知识：

1. 企业操作管理规范、菜谱与菜品质量标准卡等的查阅与使用；

2. 复杂冷菜制作的主辅料、调味特点、工艺流程等信息的检索分析；

3. 复杂冷菜制作计划的编制，包括主辅料清单整理，初细加工、预熟处理、加工调味、拼摆成型、出品装盘点缀方式的选择和确定。

理论知识：

1. 复杂冷菜制作原料的质量标准和鉴别常识；

2. 复杂冷菜制作的工具、用具、盛器等的消毒标准与要求；

3. 常用酱汁调制方法；

4. 拌、浇、淋、蘸等调味方法；

5. 复杂冷菜制作常用的排、堆、叠、围、摆、覆等装盘手法。

三、复杂冷菜制作任务的实施

实践知识：

1. 看、闻、摸、捆等原料品质的鉴别与检验；

2. 工具、设备、盛器等的浸泡消毒；

3. 原料的洗涤、出肉、分档取料、刀工成型等粗细加工；

4. 熏制、糟制、凝冻、挂霜、琉璃、酒醉等复杂冷菜制作；

5. 成品、半成品的保存；

6. 排、堆、叠、围、摆、覆等复杂冷菜装盘；

7. 半立体花色拼盘的特点和案例，花鸟鱼虫等图案的半立体花色拼盘的制作；

8. 熏香、糟香、麻辣、红油、蒜泥、酸甜、姜汁等酱汁的调制；

9. 采用拌、浇、淋、蘸等进行酱汁调味；
10. 恰当器皿的盛装、点缀。
理论知识：
1. 通过感官进行原料品质鉴定的方法；
2. 冷菜制作工具、设备的选择方法和操作要求；
3. 熏制、糟制、凝冻、挂霜、琉璃、酒醉烹制方法的技术要求、工艺流程、操作步骤和操作要点；
4. 复杂冷菜装盘手法；
5. 花色冷拼的制作手法；
6. 复杂冷菜味型的调制方法；
7. 常用味型的创新关键点；
8. 器皿选择方法，菜品盛装方法、点缀注意事项。
四、复杂冷菜制作任务的验收交付
实践知识：
1. 运用看、闻、尝等主观判定法和测长、称重等客观判定法对复杂冷菜成品进行质量自检；
2. 复杂冷菜成品瑕疵的完善。
理论知识：
1. 复杂冷菜成品要求；
2. 复杂冷菜成品瑕疵的完善方法。
五、复杂冷菜制作任务的总结反馈
实践知识：
1. 剩余原料的处置和储存；
2. 厨余垃圾的分类处理；
3. 冷菜厨房“6S”清洁整理；
4. 收集顾客反馈的意见并予以记录，提出改进举措，完成工作单的填写并做出调整。
理论知识：
1. 冷菜厨房“6S”管理知识；
2. 厨房环境卫生标准。
六、通用能力、职业素养、思政素养
自主学习、自我管理、信息检索、理解与表达、交往与合作、创新思维、解决问题等通用能力，安全意识、营养卫生意识、规范意识、效率意识、成本意识、环保意识、质量意识、市场意识、服务意识、美学素养等职业素养，以及文化自信、劳模精神、劳动精神、工匠精神等思政素养。

参考性学习任务

序号	名称	学习任务描述	参考学时
1	糟制菜肴制作	某餐厅冷菜间收到糟制菜肴（如糟鸡）订单，冷菜主管安排冷菜厨师在3小时内完成制作，要求出品分量足、清爽适口、卫生美观。	24

续表

<table>
<tr><td>1</td><td>糟制菜肴制作</td><td>学生接受教师分配任务后，分析任务单和加工要求；制订工作计划并领取经加工切配好的原料及盛装器皿，根据菜肴制作的要求完成制作前准备；按照工作计划和菜肴成品标准，运用糟制烹调方法进行前置加工、烧煮、制卤、浸制；自检后盛装点缀并交由教师验收。
在制作过程中符合冷菜加工制作要求，严格执行企业作业规程和“6S”管理规定，参照环保、卫生要求实施，按质按量制作产品，产品色泽搭配合理、荤素搭配有序。</td><td></td></tr>
<tr><td>2</td><td>熏制菜肴制作</td><td>某餐厅冷菜间收到熏制菜肴（如熏鸽子、熏鱼等）订单，冷菜主管安排冷菜厨师在 4 小时内完成制作，要求出品分量足、清爽适口、卫生美观。
学生接受教师分配任务后，分析任务单和加工要求；制订工作计划并领取经加工切配好的原料及盛装器皿，根据菜肴制作的要求完成制作前准备；按照工作计划和菜肴成品标准，运用熏制（熟熏、生熏）烹调方法进行制作，并将制作好的菜肴盛装点缀后交由教师验收。
在制作过程中符合冷菜加工制作要求，严格执行企业作业规程和“6S”管理规定，参照环保、卫生要求实施，按质按量制作产品，产品色泽搭配合理、荤素搭配有序。</td><td>24</td></tr>
<tr><td>3</td><td>凝冻菜肴制作</td><td>某餐厅冷菜间收到凝冻菜肴（如水晶肘子、水晶木瓜等）订单，冷菜主管安排冷菜厨师在 3 小时内完成制作，要求出品分量足、清爽适口、卫生美观。
学生接受教师分配任务后，分析任务单和加工要求；制订工作计划并领取经加工切配好的原料及盛装器皿，根据菜肴制作的要求完成制作前准备；按照工作计划和菜肴成品标准，使用蒸、煮等方法进行熟制，再使用凝冻（动物性胶原蛋白、琼脂、鱼胶等）进行烹调，制作好的菜肴盛装点缀后交由教师验收。
在制作过程中符合冷菜加工制作要求，严格执行企业作业规程和“6S”管理规定，参照环保、卫生要求实施，按质按量制作产品，产品色泽搭配合理、荤素搭配有序。</td><td>24</td></tr>
<tr><td>4</td><td>挂霜菜肴制作</td><td>某餐厅冷菜间收到挂霜菜肴（如挂霜花生米、挂霜腰果等）订单，冷菜主管安排冷菜厨师在 1 小时内完成制作，要求出品分量足、清爽适口、卫生美观。
学生接受教师分配任务后，分析任务单和加工要求；制订工作计划并领取经加工切配好的原料及盛装器皿，根据菜肴制作的要求完</td><td>24</td></tr>
</table>

续表

4	挂霜菜肴制作	成制作前准备；按照工作计划和菜肴成品标准，用挂霜烹调方法进行菜肴烹调制作，并将制作好的菜肴盛装点缀后交由教师验收。 在制作过程中符合冷菜加工制作要求，严格执行企业作业规程和“6S”管理规定，参照环保、卫生要求实施，按质按量制作产品，产品色泽搭配合理、荤素搭配有序。	
5	琉璃菜肴制作	某餐厅冷菜间收到琉璃菜肴（如琉璃山楂、琉璃番茄等）订单，冷菜主管安排冷菜厨师在1小时内完成制作，要求出品分量足、清爽适口、卫生美观。 学生接受教师分配任务后，分析任务单和加工要求；制订工作计划并领取经加工切配好的原料及盛装器皿；根据菜肴制作的要求完成制作前准备；按照工作计划和菜肴成品标准，运用琉璃烹调方法进行菜肴烹调制作，并将制作好的菜肴盛装点缀后交由教师验收。 在制作过程中符合冷菜加工制作要求，严格执行企业作业规程和“6S”管理规定，参照环保、卫生要求实施，按质按量制作产品，产品色泽搭配合理、荤素搭配有序。	24
6	酒醉菜肴制作	某餐厅冷菜间收到酒醉菜肴（如醉虾、醉蟹等）订单，冷菜主管安排冷菜厨师在1小时内完成制作，要求出品分量足、清爽适口、卫生美观。 学生接受教师分配任务后，分析任务单和加工要求；制订工作计划并领取经加工切配好的原料及盛装器皿；根据菜肴制作的要求完成制作前准备；按照工作计划菜肴成品标准，原料经腌制、蒸煮后，运用酒醉（生醉、熟醉）烹饪方法进行制作，盛装点缀后交由教师验收。 在制作过程中符合冷菜加工制作要求，严格执行企业作业规程和“6S”管理规定，参照环保、卫生要求实施，按质按量制作产品，产品色泽搭配合理、荤素搭配有序。	24
7	半立体花色拼盘制作	某餐厅接到婚宴订单1份，每桌需要制作半立体花色拼盘1个。冷菜主管安排冷菜厨师在3小时内完成制作，要求考虑整体的卫生、安全、实用性，符合产品质量标准要求。 学生接受教师分配任务后，明确任务要求；根据菜肴的规格标准和加工需求，结合原料的特性，把事前处理好的动植物原料在规定时间内按操作规程进行搭配，采用不同的刀法和拼摆技法，按照一定的次序、层次和位置拼摆成花鸟鱼虫等图案，并将制作好的成品交由教师验收。	144

续表

7	半立体花色拼盘制作	在制作过程中符合冷菜加工制作要求，严格执行企业作业规程和“6S”管理规定，参照环保、卫生要求实施，按质按量制作产品，产品色泽搭配合理、荤素搭配有序。	

教学实施建议

1. 师资要求

任课教师需具有复杂冷菜制作的实践经验，具备复杂冷菜制作一体化课程教学设计与一体化课程教学资源选择与应用等能力，并具备中式烹调师二级及以上的职业资格。

2. 教学组织方式方法建议

采用任务导向教学方法。为确保教学安全，提高教学效果，建议采用分组教学的形式（4～6 人 / 组）；在完成工作任务的过程中，教师需加强示范与指导，注重学生职业素养和规范操作的培养。

3. 教学资源配置建议

（1）教学场地

中式烹调一体化学习工作站需具备良好的安全性能、照明和通风条件，可分为集中教学区、分组实践区、信息检索区、工具存放区和成果展示区，并配备相应的多媒体教学设备、炉灶、冰箱、排烟等设施设备，面积以至少同时容纳 30 人开展教学活动为宜。

（2）工具、材料、设备

按组配备：砧板、刀具、餐具、盛器、厨具、灶具；常见蔬菜类、水果类、豆类、坚果类、熟肉类、蛋类、水产类原料以及调料等。

（3）教学资料

烹调技术、中式烹调师（初中高）等教材及相应的工作页、信息页、教学课件、菜谱、任务单（点菜单）、材料清单、工作记录单、菜品质量标准卡、意见反馈表、操作规程、典型案例、技术规范、技术标准和数字化资源等。

4. 教学管理制度

执行一体化教学场所的管理规定，如需要进行校外课程实习和岗位实习，应严格遵守生产性实训基地、企业实习等管理规章制度。

教学考核要求

本课程考核采用过程性考核与终结性考核相结合的方式，课程考核成绩 = 过程性考核 ×60%+ 终结性考核 ×40%。

1. 过程性考核（60%）

过程性考核成绩由 7 个参考性学习任务考核成绩构成。其中，糟制菜肴制作、熏制菜肴制作、凝冻菜肴制作的考核成绩占比分别为 15%；挂霜菜肴制作、琉璃菜肴制作、酒醉菜肴制作的考核成绩占比分别为 10%；半立体花色拼盘制作的考核成绩占比为 25%。

上述参考性学习任务的考核应以其学习目标为依据确定考核要点，设计考核项目。考核项目可分为技能考核类、学习成果类和通用能力观察类等类别，通过细化其评分细则，分别从专业能力、通用能力等维度对学生学习情况进行考核。

（1）技能考核类考核项目包括食材的选用与质量鉴别、原料初加工、原料细加工、火候的识别与运用、味汁的调制和运用、菜品制作工艺流程的执行、半成品和成品质量的检验等关键操作技能和心智技能。

（2）学习成果类考核项目涉及各学习环节产出的学习成果，可运用原料清单、菜品加工生产岗位职责安排表、菜品加工工艺流程图、原料结构图、原料调研分析表（价格、时令、特性、功能、市场供应情况等）、海报、实训日志、设计图、思维导图、工作计划、菜谱、复杂冷菜菜肴半成品和成品、半立体花色拼盘等多种形式。

（3）通用能力观察类考核项目包括与冷菜主管充分沟通，明确复杂冷菜的主要类型、工艺特点、典型菜品和口味特征，确定菜品口味、分量、时间、顾客个性化需求等，考核学生沟通交流、信息检索等通用能力；按菜品要求将原料按熏、糟、凝冻等进行预制加工，使用排、堆、叠等手法进行拼盘制作，采用拌、淋、蘸等手法进行调味等，考核学生安全意识、食品卫生意识、质量意识、创新意识、审美意识、法治意识等素养；认真按时保质完成整个工作任务，考核学生诚实守信、客观公正、精益求精、文化传承等素养。

2. 终结性考核（40%）

学生根据任务情境要求，选用常见烹饪原料、调料，整理原料初加工、细加工和熏制、泡制、腌制等制作工艺流程；对原料进行刀工处理后，使用焯水等技法进行初步熟处理。采用熏、糟、凝冻、挂霜、琉璃、酒醉等技法进行加工后调味，并对菜品进行装饰点缀，使菜品达到刀工整齐、色泽艳丽、装盘整洁美观、构图合理等出餐标准。在规定时间内完成指定复杂冷菜的操作，按照菜品质量标准对菜品进行自检。

考核任务案例："米熏鱼"菜肴制作

【情境描述】

某中餐厅收到订单，要求制作"米熏鱼"1份。冷菜厨师从冷菜主管处领取任务后，领取鱼类等中档原料（含常用原料）在规定的时间（3小时）内采用腌制、烟熏等技法完成菜肴制作，盛装点缀后交付冷菜主管验收。验收合格后，由服务员传送给顾客食用，并从业务部门接受顾客反馈意见。

【任务要求】

根据任务情境描述，在规定的时间（3小时）内，整理腌制、熏制等制作工艺流程，进行原料的初加工、细加工和熟制，使用生熏、熟熏的技法并调制熏香味型，完成菜肴制作。

1. 根据任务单，整理菜肴主辅料、调料清单，明确腌制、熏制等工艺流程并以图示的形式进行描述；

2. 对原料进行初加工和细加工，要求洗涤干净，去除不可食用部分，做到物尽其用，减少浪费，鱼片的标准为 5 cm × 4 cm × 0.2 cm；

3. 将加工好的原料进行腌制、调味、熏制成熟并装盘；要求盛装器皿直径不小于 26 cm；

4. 成品要求刀工整齐、色泽红亮，装盘整洁美观，符合菜肴出品要求；

5. 菜肴烹制过程中严格遵守卫生、环保等规定，符合食品安全要求。

【参考资料】

完成上述任务时，可以使用所有常见的教学资料，如工作页、信息页、教材、参考书籍、网络视频、个人笔记等。

（七）整型雕刻与盘饰制作课程标准

<table>
<tr><td>工学一体化课程名称</td><td>整型雕刻与盘饰制作</td><td>基准学时</td><td>180</td></tr>
<tr><td colspan="4">典型工作任务描述</td></tr>
<tr><td colspan="4">整型雕刻是指在菜肴出品前，厨师运用整雕、零雕整装等技法，将果蔬类原料雕刻成花卉、禽鸟、鱼虫等具体形象，摆放在菜肴中起到点缀美化作用的活动。盘饰制作是指厨师把蔬菜、水果等原料切制或雕刻成一定形状后，摆放在菜肴周边或中央，以造型与色彩对菜肴进行装饰的活动。整型雕刻和盘饰制作可强化菜肴的形、色要素，渲染和活跃宴席的气氛，提高菜肴的品位。整型雕刻可分为花卉、禽鸟、鱼虫雕刻，盘饰制作可分为全围式、居中式盘饰制作。
星级酒店和大型餐饮企业中，厨师在制作高档零点时经常使用花卉、禽鸟、鱼虫等雕刻和全围式、居中式盘饰对菜肴进行装饰，用以提升菜肴美感和观赏价值。制作雕刻和盘饰时，厨师需使用整雕、零雕整装等多种技法，多角度、立体性表现作品特征。此类工作制作过程复杂、技术难度较高，主要由高级工水平的冷菜厨师完成。
高级工水平的厨师从冷菜主管处领取工作任务，与主管沟通确定造型、数量等加工要求；分析花卉、禽鸟、鱼虫等雕刻和盘饰造型特征并绘制图样，制订工作计划并领取经初加工的原料及盛装器皿；准备刀具；运用整雕、零雕整装等技法进行花卉、禽鸟、鱼虫等雕刻，使用切拼、雕戳、排列等手法进行全围式、居中式盘饰制作，完成后交由冷菜主管验收；验收合格后，用于菜肴成品点缀装饰。
整型雕刻与盘饰制作成品应造型逼真、样式精美，与菜肴搭配得当并突出菜肴特点，起到烘托气氛的作用。工作过程中，应合理计划成本，避免浪费。严格执行企业作业规程和餐饮行业管理要求，参照《中华人民共和国食品安全法》《中华人民共和国食品安全法实施条例》《餐饮服务食品安全监督管理办法》等法律法规以及 GB 31654—2021《食品安全国家标准　餐饮服务通用卫生规范》、T/CCA 004.2—2018《餐饮业就餐区和后厨环境卫生规范》等标准中的相关要求实施。</td></tr>
<tr><td colspan="4">工作内容分析</td></tr>
<tr><td>工作对象：
1. 获取任务：
①从冷菜主管处领取任务；
②沟通整型雕刻与盘饰出品和制作要求。
2. 制订计划：
①整理所需原料清单；
②整理原料加工和处理流程；
③整理花卉、禽鸟、鱼虫雕刻和全围式、居中式盘饰制作流程；
④确定菜肴装饰方法；
⑤明确操作安全规范和厨房卫</td><td colspan="2">工具、材料、设备与资料：
1. 工具：砧板、雕刻刀具、餐具、盛器；
2. 材料：萝卜、黄瓜、南瓜、西瓜等用于整型雕刻与盘饰制作的原料；
3. 设备：厨具、灶具等；
4. 资料：标准菜谱、任务单（点菜单、宴席菜单）、企业操作规程。
工作方法：
1. 原料安全质量的鉴别、菜</td><td>工作要求：
1. 获取任务：与冷菜主管充分沟通，明确整型雕刻与盘饰制作的工艺特点和成品质量标准，准确判断用料和数量、时间等工作要求；
2. 制订计划：根据企业作业规程，整理雕刻和装饰所需蔬菜、水果等原料清单，明确数量和质量要求；根据出品要求确定花卉、禽鸟、鱼虫雕刻和全围式、居中式盘饰制作等工艺流程，明确操作技术要点；
3. 实施任务：使用整雕、零雕整</td></tr>
</table>

续表

生要求。 3. 实施任务： ①领取原材料； ②开档并做好准备工作； ③运用整雕、零雕整装等技法进行雕刻及装饰制作。 4. 验收交付： ①检查主题造型特征和颜色搭配； ②交付冷菜主管进行复检； ③交付用于菜肴成品点缀装饰。 5. 总结反馈： ①收档并整理工作区域； ②整理花卉、禽鸟、鱼虫雕刻和全围式、居中式盘饰制作要点。	肴相关饮食文化、构图方法等； 2. 整雕、零雕整装等操作技法； 3. 花卉、禽鸟、鱼虫雕刻和全围式、居中式盘饰制作等工艺流程； 4. 成品的保管方法； 5. 成品质量鉴定方法。 **劳动组织方式：** 以独立或小组合作的方式完成任务。从主管处领取工作任务，根据需要查阅相关标准菜谱；到库管员处领取工具、原料；与主管进行雕刻盘饰加工情况沟通，自检合格后交付主管进行质量检验。	装等技法进行花卉、禽鸟、鱼虫雕刻；进行全围式、居中式盘饰制作并使用作品对菜肴进行装饰； 4. 验收交付：使用目视、触摸等方法对作品造型、比例等特征和装饰的形态、颜色搭配、表现形式进行检查；使用低温保藏法、冷水浸泡法等方法保管雕刻作品和装饰成品； 5. 总结反馈：按照厨房“6S”管理制度整理冷菜间；与冷菜主管进行沟通，说明菜品制作过程和自检结果，听取冷菜主管反馈，反思问题并制定改进措施。

课程目标

学习完本课程后，学生应当能够胜任花卉、禽鸟、鱼虫组合雕刻制作和全围式、居中式盘饰制作等工作任务，并能严格执行企业作业规程和餐饮行业管理要求，包括：

1. 能读懂任务单，明确花卉、禽鸟、鱼虫等雕刻和盘饰造型特征、成品质量标准，明确用料和数量、时间等工作要求等。具备沟通交流、信息处理、文化传承等通用能力和素养。

2. 能查阅参考资料，独立整理原料、工具清单并说明用量和质量要求，合理用料，做到物尽其用；能确定花卉、禽鸟、鱼虫等雕刻和盘饰造型设计图案、工艺流程、雕刻要点或制作要求，结合任务需求进行人员分工，制订工作计划。具备审美意识、成本意识、效率意识、标准意识等素养。

3. 能使用整雕、零雕整装等技法进行花卉、禽鸟、鱼虫等的雕刻，并对成品组装、摆放进行装饰；使用切拼、雕戳、排列等手法进行全围式、居中式盘饰制作；对雕刻和装饰成品采取正确的保鲜措施，操作过程安全规范。具备安全意识、创新意识、精益求精等素养。

4. 能采用目视、测量等方法对雕刻和盘饰造型、比例和装饰形态、颜色搭配、表现形式等方面进行检查，并按照质量标准对成品进行检测；能阐述成品制作过程和自检结果，听取教师和同学的反馈并进行记录。具备诚信敬业、质量意识等素养。

5. 能遵守食品行业从业人员相关操作卫生要求及标准，按照企业“6S”管理制度收档，具备良好的卫生习惯。能根据综合质量评价反馈，依据整型雕刻与盘饰制作的加工标准，独立对工作过程和技术要点进行总结反思，记录要点，持续改进。具备环保意识、节约意识等素养。

学习内容

本课程的主要学习内容包括：

一、任务单的阅读分析及资料查阅

实践知识：

1. 整型雕刻与盘饰制作任务单的阅读分析，数量、规格、时效、标准等任务关键信息的提取；
2. 整型雕刻和盘饰制作的构思设计及图样绘制。

理论知识：

1. 整型雕刻与盘饰制作的概念、作用、种类与要求；
2. 整型雕刻与盘饰制作图样绘制的基本方法及原则。

二、整型雕刻与盘饰制作方案的制定

实践知识：

1. 刀具等工具、设备领用单的填写；
2. 原料领用单的填写；
3. 整型雕刻与盘饰制作工艺流程的填写。

理论知识：

1. 整型雕刻与盘饰制作厨房工具、设备、盛器的功能、使用方法及消毒要求；
2. 整型雕刻与盘饰制作原料的选择及质量鉴别方法；
3. 整型雕刻与盘饰制作原料的特性及刀法选择方法；
4. 整型雕刻与盘饰制作的基本步骤；
5. 整型雕刻与盘饰制作的成品标准及要求。

三、整型雕刻与盘饰制作任务的实施

实践知识：

1. 组合雕花卉雕刻；
2. 禽鸟雕刻；
3. 鱼虫雕刻；
4. 花卉、禽鸟、鱼虫雕刻工艺流程划分；
5. 全围式、居中式盘饰制作。

理论知识：

1. 组合雕刻的概念及特点；
2. 禽鸟类的特点及结构特征；
3. 鱼虫类的特点及结构特征；
4. 全围式、居中式盘饰的概念、特点及应用方法。

四、整型雕刻与盘饰制作任务的验收交付

实践知识：

1. 通过目测等感官鉴别方法对成品质量进行主观判定；
2. 通过称重、测长等自检方法对成品质量进行客观判定；
3. 整型雕刻与盘饰制作成品的存储保鲜。

续表

理论知识：

1. 感官鉴别的种类、方法及要求；

2. 质量检验的概念、目的、方法、要求等；

3. 雕刻、饰品的保管方法。

五、整型雕刻与盘饰制作任务的总结反馈

实践知识：

1. 依据企业“6S”管理制度收档；

2. 工具、设备、盛器等厨房设备设施的清洗、消毒、归位及环境卫生质量的判断；

3. 花卉、禽鸟、鱼虫等雕刻和盘饰制作要点的总结归纳；

4. 反馈意见和存在问题的清单记录及改进举措工作单的填写；

5. 工作总结表单的填写。

理论知识：

1. 加工工具、设备的清洗流程及消毒方法；

2. 厨房环境卫生标准；

3. 厨房“6S”管理知识；

4. 花卉、禽鸟、鱼虫等雕刻和盘饰制作的加工要点和基本流程；

5. 花卉、禽鸟、鱼虫等雕刻和盘饰制作成品的评价标准。

六、通用能力、职业素养、思政素养

自主学习、自我管理、信息检索、理解与表达、交往与合作、创新思维、解决问题等通用能力，安全意识、营养卫生意识、规范意识、效率意识、成本意识、环保意识、质量意识、市场意识、服务意识、美学素养等职业素养，以及文化自信、劳模精神、劳动精神、工匠精神等思政素养。

参考性学习任务

序号	名称	学习任务描述	参考学时
1	花卉类组合雕刻制作	某中餐厅厨房收到第二天高档宴席订单1桌，冷菜主管安排冷菜厨师制作1个“花开富贵”雕刻成品，用于第二天宴席菜肴的点缀，要求成品形象逼真、色彩鲜艳、干净卫生。 学生从教师处领取任务后，确定“花开富贵”成品特点；整理原料清单和制作工艺流程，制订工作计划；进行原料细加工；运用组合雕刻的制作工艺进行加工，完成后交由教师验收；验收合格后，用于菜肴成品点缀。 工作过程中严格执行企业操作规程和餐饮行业管理规定，参照食品安全、环境卫生相关要求实施。	24
2	鱼虫类组合雕刻制作	某中餐厅厨房收到第二天高档宴席订单1桌，冷菜主管安排冷菜厨师制作1个“鱼乐图”雕刻成品，用于第二天宴席菜肴的点缀，要求成品形象逼真、色彩鲜艳、干净卫生。	42

续表

2	鱼虫类组合雕刻制作	学生从教师处领取任务后，确定“鱼乐图”成品特点；整理原料清单和制作工艺流程，制订工作计划；进行原料细加工；运用组合雕刻的制作工艺进行加工，完成后交由教师验收；验收合格后，用于菜肴成品点缀。 工作过程中严格执行企业操作规程和餐饮行业管理规定，参照食品安全、环境卫生相关要求实施。	
3	禽鸟类组合雕刻制作	某中餐厅厨房收到第二天高档宴席订单 1 桌，冷菜主管安排冷菜厨师制作 1 个“喜鹊报春”雕刻成品，用于第二天宴席菜肴的点缀，要求成品形象逼真、色彩鲜艳、干净卫生。 学生从教师处领取任务后，确定“喜鹊报春”成品特点；整理原料清单和制作工艺流程，制订工作计划；进行原料细加工；运用组合雕刻的制作工艺进行加工，完成后交由教师验收；验收合格后，用于菜肴成品点缀。 工作过程中严格执行企业操作规程和餐饮行业管理规定，参照食品安全、环境卫生相关要求实施。	42
4	全围式盘饰制作	某中餐厅厨房收到第二天高档宴席订单 1 桌，冷菜主管安排冷菜厨师采用不同原料制作 2 个全围式盘饰，用于第二天宴席菜肴的点缀，要求盘饰成形美观、色彩鲜艳、干净卫生。 学生从教师处领取任务后，确定全围式盘饰成品特点；整理原料清单和制作工艺流程，制订工作计划；进行原料细加工；运用雕刻与盘饰的制作工艺进行加工，完成后交由教师验收；验收合格后，用于菜肴成品点缀。 工作过程中严格执行企业操作规程和餐饮行业管理规定，参照食品安全、环境卫生相关要求实施。	36
5	居中式盘饰制作	某中餐厅厨房收到第二天高档宴席订单 1 桌，冷菜主管安排冷菜厨师采用不同原料制作 2 个居中式盘饰，用于第二天宴席菜肴的点缀，要求盘饰成形美观、色彩鲜艳、干净卫生。 学生从教师处领取任务后，确定居中式盘饰成品特点；整理原料清单和制作工艺流程，制订工作计划；进行原料细加工；运用雕刻与盘饰的制作工艺进行加工，完成后交由教师验收；验收合格后，用于菜肴成品点缀。 工作过程中严格执行企业操作规程和餐饮行业管理规定，参照食品安全、环境卫生相关要求实施。	36

续表

教学实施建议
1. 师资要求 任课教师需具有整型雕刻与盘饰制作的实践经验，具备整型雕刻与盘饰制作一体化课程教学设计与一体化课程教学资源选择与应用等能力，并具备中式烹调师二级及以上的职业资格。 2. 教学组织方式方法建议 采用任务导向教学方法。为确保教学安全，提高教学效果，建议采用分组教学的形式（4~6人/组）；在完成工作任务过程中，教师需加强示范与指导，注重学生职业素养和规范操作的培养。 3. 教学资源配置建议 （1）教学场地 中式烹调一体化学习工作站需具备良好的安全性能、照明和通风条件。可分为集中教学区、分组实践区、信息检索区、工具存放区和成果展示区，并配备相应的多媒体教学设备、资料柜、餐具柜、白板、冰箱等设施，面积以至少同时容纳30人开展教学活动为宜。 （2）工具、材料、设备 按组配备：雕刻刀具、文具、砧板、餐具、盛器、抹布；图画本、牙签、竹签、保鲜盒、保鲜膜、食用盐；常见萝卜、南瓜、黄瓜、西红柿等果蔬类原料及常用点缀花草。 （3）教学资料 冷拼与食品雕刻、中式烹调师（初中高）等教材及相应的工作页、信息页、教学课件、菜谱、任务单（点菜单）、材料清单、工作记录单、菜品质量标准卡、意见反馈表、操作规程、典型案例、技术规范、技术标准和数字化资源等。 4. 教学管理制度 执行一体化教学场所的管理规定，如需要进行校外课程实习和岗位实习，应严格遵守生产性实训基地、企业实习等管理规章制度。
教学考核要求
本课程考核采用过程性考核与终结性考核相结合的方式，课程考核成绩 = 过程性考核 ×60%+ 终结性考核 ×40%。 1. 过程性考核（60%） 过程性考核成绩由5个参考性学习任务考核成绩构成。花卉类组合雕刻制作、鱼虫类组合雕刻制作、禽鸟类组合雕刻制作、全围式盘饰制作、居中式盘饰制作的考核成绩占比分别为20%。 上述参考性学习任务的考核应以其学习目标为依据确定考核要点，设计考核项目。考核项目可分为技能考核类、学习成果类和通用能力观察类等类别，通过细化其评分细则，分别从专业能力、通用能力等维度对学生学习情况进行考核。 （1）技能考核类考核项目包括工具和原料的选用、雕刻工具的操作、原料分配、整型雕刻与盘饰制作工艺流程的执行、半成品和成品质量的检验等关键操作技能和心智技能。 （2）学习成果类考核项目涉及各学习环节产出的学习成果，可运用原料清单、工具清单、工艺流程图、绘制图样、工作计划、雕刻与盘饰成品、整型雕刻与盘饰制作作业指导书等多种形式。

（3）通用能力观察类考核项目包括与主管沟通，明确整型雕刻与盘饰制作的工艺特点、成品质量标准，准确判断用料和数量、时间等要求，考核学生沟通交流、信息检索等通用能力；根据出品要求确定花卉、禽鸟、鱼虫雕刻和全围式、居中式盘饰制作等工艺流程，考核学生审美意识、效率意识、成本意识、标准意识等素养；使用整雕、零雕整装等技法进行雕刻等，考核学生安全意识、创新意识、质量意识等素养；认真按时保质完成整个工作任务，考核学生诚信敬业、精益求精、文化传承等素养。

2. 终结性考核（40%）

学生根据任务情境要求，选用常见果蔬雕刻装饰原料，使用组合雕刻、整雕等技法进行整型雕刻与盘饰制作，成品达到刀工整齐，无伤瓣、掉瓣，色泽艳丽，装盘整洁美观，构图合理，符合食品卫生要求的出餐标准。

考核任务案例："花开富贵"的制作

【情境描述】

某中餐厅中厨房收到第二天高档宴席订单 1 桌，主管安排厨师在 90 分钟内完成 1 个"花开富贵"雕刻成品的制作，用于第二天宴席菜肴的装饰点缀。成品要求形象逼真、色彩鲜艳、去料干净，无伤瓣、掉瓣，主体高度不少于 25 cm，装盘干净整洁，构图比例合理。

【任务要求】

根据任务情境描述，在规定的时间（90 分钟）内，完成原料制坯、雕刻、组装等工作，完成"花开富贵"的制作任务。

1. 根据任务单，整理菜肴用料和工具清单，明确雕刻工艺流程，并以图示的形式描述设计方案；

2. 按计划制作牡丹花料坯，要求料坯大小、形状尽量一致，操作过程符合食品卫生要求；

3. 制作牡丹花，要求雕刻成品形态美观、层次清晰、比例得当、结构合理，与主题创意相符，立体感强；

4. 制作过程中严格遵守企业食品安全、卫生、环保等规定。

【参考资料】

完成上述任务时，可以使用所有常见的教学资料，如工作页、信息页、教材、参考书籍、网络视频、个人笔记等。

（八）基础宴席菜单设计课程标准

工学一体化课程名称	基础宴席菜单设计	基准学时	72
典型工作任务描述			
基础宴席是指顾客在餐厅或者酒店预订的规模较小的、符合大众消费水平的宴席。用料以普通家禽、家畜、水产和四季蔬果为主，具有制作易行、装饰简约、价格实惠等特点。基础宴席菜单设计是指餐厅或者酒店根据顾客提出的宴席用餐人数、客源构成、口味偏好、消费水平等因素，以档次合理、膳食平衡、特色鲜明、菜品多样为原则，依托酒店营销模式和生产能力设计菜单的活动。按照宴席规模和顾客类型，可分为一般家庭宴席和一般商务宴席。			

续表

<table>
<tr><td colspan="3">酒店及餐饮企业经常接到家庭或者公司预订的宴席，此类宴席人数固定、预算明确，对菜单搭配、菜式风格、制作水平都有较高要求。宴席菜单设计对厨师的综合能力有较高要求，在酒店中通常由厨师长带领高级工水平的厨师完成。
高级工水平的厨师接到预订部门通知后，在厨师长指导下与销售人员沟通用餐人数、宴席预算、原料和口味要求等信息，根据酒店的供应能力和菜肴特色，整理宴席菜单设计流程；根据宴席规模、预算和顾客需求，确定菜品数量和种类搭配比例；结合酒店菜肴特色和时令特点，依次选定大菜、热菜、冷菜和面点品种，并确定上菜顺序；计算宴席成本，自检菜单数量和品种搭配，并由厨师长复检合格后由销售人员与顾客沟通，根据顾客反馈意见，适当修改菜单后沟通确认菜单。
基础宴席菜单设计要准确把握顾客的消费心理，符合顾客要求和企业承接能力。合理控制宴席菜肴的数量，明确宴席价格与主要原料的关系。宴席菜肴要结合季节特点，注重荤素变化、色彩搭配和质地口感。宴席菜单设计应合理计划成本，避免浪费。</td></tr>
<tr><th colspan="3">工作内容分析</th></tr>
<tr>
<td>工作对象：
1. 获取任务：
①从厨师长处领取任务；
②与销售人员沟通宴席标准要求。
2. 制订计划：
①整理菜单设计流程；
②制订工作计划。
3. 实施任务：
①确定菜品数量、品种、原料和口味；
②选定大菜和热菜品种；
③选定冷菜和面点品种；
④确定上菜顺序并形成菜单。
4. 验收交付：
①计算成本并自检菜单数量、品种、原料和口味；
②交由厨师长进行复检；
③协助销售人员与顾客沟通确认。
5. 总结反馈：
①与销售人员沟通顾客</td>
<td>工具、设备与资料：
1. 工具：纸、笔；
2. 设备：计算机、打印机等；
3. 资料：菜谱、各类宴席菜单、操作流程表、任务单（点菜单）、意见反馈表。
工作方法：
1. 顾客需求沟通要点；
2. 宴席菜单编制原则和方法；
3. 宴席成本分配方法；
4. 宴席菜品搭配原则和选择方法；
5. 宴席大菜品种和烹饪方法；
6. 宴席冷菜类型和选择方法；
7. 宴席热菜类型和搭配方法；
8. 宴席菜肴上菜原则和排布方法；
9. 宴席菜肴造型和颜色搭配方法。
劳动组织方式：
此任务在厨师长的指导下完成。高级工水平的厨师从厨师长处领取工作任务，与销售人员沟通细节；独立或者团队合作完成菜单设计，并交由厨师长复检；与销售人员沟通并送至顾客处，协商确定菜单。</td>
<td>工作要求：
1. 获取任务：根据厨师长的要求和销售人员的描述，明确用餐人数、宴席预算和原料、口味等个性化需求；
2. 制订计划：根据企业作业规程，整理菜品原料、口味、烹调方法、上菜顺序的选择原则和方法，制订工作计划；
3. 实施任务：依据宴席类型、预算和供应能力，确定冷菜、热菜、面点比例和数量；根据时令原料和顾客偏好，选定大菜和热菜品种、烹制方式和口味；根据荤素搭配等原则，选择冷菜和面点品种；根据宴席冷菜和热菜排菜顺序，确定上菜顺序并形成菜单；
4. 验收交付：根据宴席预算和顾客需求，计算宴席成本，并对热菜、冷菜和面点的数量、品种、原料、口味进行检查；从菜单构成和特色等方面向厨师长介绍菜单，并依据反馈对菜单进行调整；</td>
</tr>
</table>

续表

反馈意见； ②整理基础宴席菜单设计要点。		5. 总结反馈：根据厨师长、顾客的反馈意见，对菜单进行调整和修改。

课程目标

学习完本课程后，学生应当能够胜任一般家庭宴席和商务宴席菜单设计工作任务，严格执行企业作业规程和餐饮行业管理要求，包括：

1. 能读懂任务单，确定用餐人数、宴席预算、原料和口味偏好等要求，明确工作内容。具备沟通交流、信息处理、文化传承、服务意识等通用能力和素养。

2. 能根据企业作业规程，整理菜品原料、口味、烹调方法、上菜顺序的选择原则和方法；明确团队工作人员和岗位分工，制订工作计划。具备自主学习、成本意识、效率意识、营养均衡意识、审美意识等通用能力和素养。

3. 能依据宴席类型、预算和企业供应能力，确定宴席档次和冷菜、热菜、面点的比例及数量；根据市场原料、厨师水平、顾客偏好等因素选择冷菜、热菜、汤菜、面点和水果品种，确定烹制方式和口味；设计宴席菜品造型和颜色搭配，排布冷菜、热菜、汤菜、面点等上菜顺序，形成宴席菜单。具备与人合作、自我管理、诚信敬业、自主创新等通用能力和素养。

4. 能计算宴席成本，结合宴席预算和顾客需求，对热菜、冷菜和面点的数量、品种、原料、口味进行检查；在教师指导下，说明宴席菜单构成和菜肴特色，并依据反馈意见调整菜单。具备统筹安排、协调沟通、创新意识等通用能力和素养。

5. 能分析对宴席菜单的反馈意见，提出调整措施并修改菜单。具备倾听反馈、总结反思等通用能力。

学习内容

本课程的主要学习内容包括：

一、基础宴席菜单设计任务单的阅读分析及资料查阅

实践知识：

1. 基础宴席菜单设计任务单的阅读分析，对具体内容、完成时间、工作要求等要素的解读；

2. 基础宴席菜单设计任务单关键信息的提取；

3. 基础宴席菜单设计任务相关内容的信息处理。

理论知识：

1. 基础宴席菜单设计的概念；

2. 基础宴席菜单设计的原则。

二、基础宴席菜单设计方案的制定

实践知识：

1. 结合顾客需求和企业实践，制订宴席菜单设计工作计划；

2. 明确菜品数量和种类搭配比例；

3. 明确宴席菜品数量、品种、原料及口味的设计。

理论知识：

1. 基础宴席菜单设计的方法和技巧；

2. 基础宴席经典菜肴口味类型及搭配原则；

3. 基础宴席菜肴与餐具相配原则。

三、基础宴席菜单设计任务的实施

实践知识：

1. 基础宴席菜单初稿编写；

2. 企业成本核算；

3. 菜单中菜谱的编写；

4. 宴席菜品烹调可行性分析；

5. 基础宴席菜单的修改与完善。

理论知识

1. 顾客的需求关键点；

2. 宴席成本分配方法；

3. 宴席菜品搭配原则和选择方法；

4. 宴席大菜品种和烹饪方法；

5. 宴席冷菜类型和选择方法；

6. 宴席热菜类型和搭配方法；

7. 宴席菜肴上菜原则和排布方法；

8. 宴席菜肴造型和颜色搭配方法。

四、基础宴席菜单设计任务的验收交付

实践知识：

1. 基础宴席菜单成本核算；

2. 基础宴席菜单营养搭配、颜色搭配和口味搭配。

理论知识：

1. 基础宴席菜单成本核算的概念和方法；

2. 基础宴席菜单营养均衡的概念和依据。

五、基础宴席菜单设计任务的总结反馈

实践知识：

1. 基础宴席菜单设计成本调整；

2. 基础宴席菜单设计菜品数量、品种、原料及口味的调整；

3. 基础宴席菜单设计的摘要式归纳；

4. 基础宴席设计反馈意见和存在问题的清单记录及改进举措工作单的填写；

5. 工作总结表单的填写。

续表

理论知识：

1. 基础宴席菜单设计的评价标准；

2. 基础宴席菜单成本调整方法。

六、通用能力、职业素养、思政素养

自主学习、自我管理、信息检索、理解与表达、交往与合作、创新思维、解决问题等通用能力，安全意识、营养卫生意识、规范意识、效率意识、成本意识、环保意识、质量意识、市场意识、服务意识、美学素养等职业素养，以及文化自信、劳模精神、劳动精神、工匠精神等思政素养。

参考性学习任务

序号	名称	学习任务描述	参考学时
1	一般家庭宴席菜单设计	某酒店预订部门接到家庭宴席订单 1 份，用餐人数为 10 人，用餐标准为 200 元 / 人，1 日后到店用餐。用餐对象为顾客家人，喜食海鲜但不能吃辣，用餐人中有 60 岁以上的老人和 6 ~ 8 岁的儿童。顾客要求菜单兼顾老人、儿童的饮食需求，偏重水产品原料；尽量选用蒸、煮、熘、扒等少油、少盐的烹调技法；菜肴量足，装盘干净，适当简单装饰。 学生接到教师分配的任务，确定家宴用餐人数、预算、原料和口味要求等信息。根据酒店的供应能力和菜肴特色，整理宴席菜单设计流程；根据宴席规模、预算和顾客需求，选择水产品原料类型，确定菜品数量和种类；针对老人、儿童用餐需求，选定大菜、热菜、冷菜和点心品种，并确定上菜顺序；计算宴席成本并自检菜单数量和品种搭配，交由教师复检后由销售人员与顾客沟通，根据顾客反馈意见，适当修改菜单后沟通确认菜单。 菜单设计过程中，严格遵守职业道德和相关餐饮业卫生要求，合理计划成本，保障出成率，物尽其用，避免原料浪费。	36
2	一般商务宴席菜单设计	某酒店预订部门接到商务宴席订单 1 份，用餐人数为 9 人，用餐标准为 400 元 / 人，2 天后到店用餐。用餐对象为顾客的生意合作伙伴，均来自湖南省，喜食辣味且不吃生海鲜。顾客要求多选用禽畜类原料、不选水产品，菜品烹调技法多样，口味以辛辣刺激为主，菜肴装盘精美、上档次。 学生接到教师分配的任务，确定宴席用餐人数、预算、原料和口味要求等信息。根据酒店的供应能力和菜肴特色，整理宴席菜单设计流程；根据宴席规模、预算和顾客需求，选择时令蔬菜和禽畜类原料类型，确定菜品数量和种类；针对菜肴佐酒和辛辣口味等个性化需求，选定大菜、热菜、冷菜品种，并确定上菜顺序；计算宴席成本并自检菜单数量和品种搭配，交由教师复检后由销售人员与顾	36

续表

2	一般商务宴席菜单设计	客沟通，根据顾客反馈意见，适当修改菜单后沟通确认菜单。 菜单设计过程中，严格遵守职业道德和相关餐饮业卫生要求，合理计划成本，保障出成率，物尽其用，避免原料浪费。	

教学实施建议

1. 师资要求

任课教师需具有基础宴席菜单设计的实践经验，具备基础宴席菜单设计一体化课程教学设计与一体化课程教学资源选择与应用等能力，并具备中式烹调师一级及以上的职业资格。

2. 教学组织方式方法建议

采用任务导向教学方法。为确保教学安全，提高教学效果，建议采用分组教学的形式（6~8人/组）；在完成工作任务的过程中，教师需加强示范与指导，注重学生职业素养和规范操作的培养。

3. 教学资源配置建议

（1）教学场地

中式烹调一体化学习工作站需具备良好的安全性能、照明和通风条件，可分为集中教学区、分组实践区、信息检索区、工具存放区和成果展示区，并配备相应的多媒体教学设备，面积以至少同时容纳30人开展教学活动为宜。

（2）工具、设备

按组配备：纸、笔、计算机等。

（3）教学资料

宴席设计与菜品开发、中式烹调师（技师、高级技师）等教材及相应的工作页、信息页、教学课件、酒店菜谱，基础宴席菜单、任务单（点菜单）、意见反馈表、操作规程、典型案例、技术规范、技术标准和数字化资源等。

4. 教学管理制度

执行一体化教学场所的管理规定，如需要进行校外课程实习和岗位实习，应严格遵守生产性实训基地、企业实习等管理规章制度。

教学考核要求

本课程考核采用过程性考核与终结性考核相结合的方式，课程考核成绩 = 过程性考核 ×60%+ 终结性考核 ×40%。

1. 过程性考核（60%）

过程性考核成绩由2个参考性学习任务考核成绩构成。一般家庭宴席菜单设计和一般商务宴席菜单设计的考核成绩占比分别为50%。

上述参考性学习任务的考核应以其学习目标为依据确定考核要点，设计考核项目。考核项目可分为技能考核类、学习成果类和通用能力观察类等类别，通过细化其评分细则，分别从专业能力、通用能力等维度对学生学习情况进行考核。

（1）技能考核类考核项目包括工具和食材的选用、成本核算等关键操作技能和心智技能。

续表

（2）学习成果类考核项目涉及各学习环节产出的学习成果，可运用基础宴席设计示意图、数据表、思维导图、工作计划、基础宴席菜单等多种形式。

（3）通用能力观察类考核项目包括明确用餐人数、宴席预算和原料、口味等个性化需求等，考核学生沟通合作、信息处理、统筹安排等通用能力；依据宴席类型、预算和供应能力，确定冷菜、热菜、点心等比例和数量，根据时令原料和顾客偏好，选定大菜和热菜等品种、烹制方式和口味等，考核学生服务意识、审美意识、营养均衡意识、成本意识、效率意识、创新意识等素养；认真按时保质完成整个工作任务，考核学生诚信敬业素养。

2. 终结性考核（40%）

学生根据任务情境要求，对基础宴席菜单设计任务进行信息整合，在规定时间内确定菜单设计；宴席的菜单设计符合顾客需求、企业预期成本标准等。

考核任务案例：某饮食协会团建商务宴席菜单设计

【情境描述】

某饮食协会组织团建活动，向某餐厅预订午餐宴会，用餐标准为 4 000 元 / 桌，共 2 桌，1 天后顾客到店用餐。协会宴请人员来自五湖四海，口味多样，禽畜、海鲜均可，接受辣味等多种口味，要求菜肴量足，烹调技法多样，口味辛辣刺激，菜肴装盘干净、精美、上档次。餐厅预订部门将订单发给厨师长，由厨师长安排副厨、主管进行宴席菜单的设计。

【任务要求】

根据任务情境描述，在规定的时间内分别完成某饮食协会团建商务宴席菜单设计及组织编制菜肴制作的详细计划书。

1. 根据任务单中所提到的关键词，对顾客的习俗、消费心理、宴席主题进行确定，梳理菜品构成因素；

2. 依据顾客需求信息：餐标 4 000 元 / 桌，每桌 10 人，贴合商务宴席主题，合理计算成本，确定宴席消费标准；

3. 依据量价合理、膳食平衡、菜品丰富、技法多样等宴会菜单设计原则，结合顾客需求，禽畜、水产类选料丰富，搭配得当，有时令特色，兼顾青壮年饮食需求，烹调技法多样，可选用蒸、煮、熘、扒、炸、烧、爆、炒等多种烹调技法，口味口感丰富、调味偏辛辣刺激，成品注重营养，突出原料特点及口味特色；注重盘饰，确定宴席菜单菜品组配构成；

4. 依据菜单上菜顺序对宴席菜肴进行排序，确定商务宴席菜单；

5. 与顾客沟通协商宴席菜单的满意度，针对顾客意见适当修改，并确定最终宴席菜单；

6. 依据确定的宴席菜单，整理每道宴席菜肴所需用料清单，细化主料、辅料、小料、调料等实际用量，便于计算单品成本；

7. 在教师指导下，根据基础宴席菜单设计原则和顾客需求，以及菜单中各个菜肴成品标准，针对菜肴设计合理性进行评价；

8. 根据评价结果，总结基础宴席菜单设计的经验与不足，对出现的问题提出具体的解决对策，撰写任务总结报告。

【参考资料】
完成上述任务时，可以使用所有常见的教学资料，如工作页、信息页、学材、参考书籍、网络视频、标准菜谱、个人笔记等。

（九）特色热菜制作课程标准

工学一体化课程名称	特色热菜制作	基准学时	216
典型工作任务描述			
特色热菜制作是指根据一定地域内人们的饮食风俗和口味习惯，选取特色食材、使用特色烹调技法或具有独特风味的调味品，烹制而成的深受当地人们喜爱、具有历史文化特色的地域性经典菜肴的过程。根据地域风味不同，特色热菜可分为川菜、鲁菜、粤菜、苏菜等地域经典热菜。 特色热菜具有制作工艺复杂、口味丰富、地域特色明显等特点，是餐饮企业的热销菜或招牌菜。顾客通过特色热菜不仅可品尝到独特风味的菜肴，还可体验到菜品典故、民俗风情、历史文化等。特色热菜制作要求厨师不仅精通热菜制作的各种基本烹调技法、多种复合调味方法，还应准确识别不同地域菜品的风味特点。由于这类菜肴的烹制、调味、火候等的准确把控极富挑战性，因此厨师长通常指派技师水平的厨师来完成。 技师水平的厨师领取厨师长分配的任务后，需准确了解顾客个性化需求，确定菜肴风味特点、制作要求、菜品数量及出品时间等信息；根据菜品烹调工艺流程制订工作计划，指导各岗位人员领取原料、备好特色调料等；根据菜肴制作要求，调制葱香、麻辣、荔枝等复合味型，进行预制加工，并准备围边点缀装饰物，运用多种烹调技法进行烹制，对菜品质量进行自检合格后装盘点缀，交付热菜厨师长验收；验收合格后由服务员传送给顾客，并从业务部门接受顾客反馈意见，针对问题及时做出优化与调整。 特色热菜多为不同区域菜系中的经典名菜，成品应达到风味特色鲜明，或用料独特、技法考究、味型别致等特点。如川菜麻辣香浓，苏菜清鲜爽脆，粤菜以“炒、煎、烩”见长，鲁菜以“爆、扒、煽、拔丝”见长。加工过程中，厨师需掌握特色经典菜品的风味特点，满足顾客合理的个性化需求；且注重高效环保，按照行业技术质量标准完成菜品的制作。严格执行企业作业规程和餐饮行业管理要求，参照《中华人民共和国食品安全法》《中华人民共和国食品安全法实施条例》《餐饮服务食品安全监督管理办法》等法律法规以及 GB 31654—2021《食品安全国家标准　餐饮服务通用卫生规范》、T/CCA 004.2—2018《餐饮业就餐区和后厨环境卫生规范》等标准中的相关要求实施。			
工作内容分析			

工作对象：	**工具、材料、设备与资料：**	**工作要求：**
1. 获取任务： ①从厨师长处领取任务； ②与厨师长沟通加工要求。	1. 工具：砧板、刀具、餐具、厨具、盛器等； 2. 材料：与菜单相关的原料、调料等； 3. 设备：灶具、蒸箱、烤箱、炒锅、汤锅、冰箱等；	1. 获取任务：准确识读任务单（点菜单），明确出品风味特点、出品时间、数量、质量及顾客个性化

续表

2. 制订计划： ①确定工具、原料、工作流程； ②明确操作安全和厨房卫生要求。 3. 实施任务： ①领取原料并开档； ②进行原料初加工、细加工，预熟处理以及制汤等； ③运用川菜、鲁菜、粤菜、苏菜特色烹饪调味方法进行菜肴制作； ④盛装点缀成品。 4. 验收交付： ①对菜品外观和口味进行自检； ②交由厨师长进行复检； ③交付传菜员出品。 5. 总结反馈： ①收档，整理厨房，清洁保养工具、设备，并填写工作记录单； ②沟通询问服务员收集的顾客意见，分析并提出改进措施； ③总结菜肴制作过程中的经验和不足，提出解决问题的办法。	4. 资料：菜谱、任务单（点菜单）、材料清单、工作记录单、菜品质量标准卡、意见反馈表、企业操作规程、GB/T 27306—2008《食品安全管理体系 餐饮业要求》和GB/T 28739—2012《餐饮业餐厨废弃物处理与利用设备》等。 **工作方法：** 1. 信息查阅与分析方法：原料质量鉴别、与菜肴相关的饮食文化、原料营养特点等内容的查阅与分析； 2. 原料选择及加工方法：特色原料质量鉴别、初加工、细加工、预熟处理、制汤等预制加工； 3. 调味方法：葱香、麻辣、荔枝等复合味型的调制方法；滚煨、淋汁、浇芡、随芡、热渗、裹浇等调味方法；保色、润色等调色方法；封闭、烟熏等调香方法；致嫩、增稠等调质方法； 4. 烹调技法：炒、炸、烧、煮、蒸、汆、熘、烩、煎、焖、爆、扒、煸、煨、贴、炖、拔丝、蜜汁等烹调技法； 5. 装盘美化方法：堆、托、扣、浇、摆或排、覆、堆、贴等盛装和点缀方法； 6. 成品质量鉴定方法：感官鉴定法等。 **劳动组织方式：** 此任务由技师水平的厨师独立完成。从厨师长处领取工作任务，明确制作菜肴品种、上菜时间和顾客需求；从库管员处领取主辅料，准备工具设备，根据出品要求进行加工烹制；自检并交付厨师长复检，合格后由服务员送至顾客，填写工作记录单交至厨师长。	需求等信息； 2. 制订计划：根据企业作业规程和生产质量标准，确定工具、设备清单和型号、规格要求、使用方法，明确主辅料、调料清单和数量、质量要求；确定细加工、预熟处理和烹调技法的工艺流程、关键要点和火候、调味要求； 3. 实施任务：根据领料单领取原料并鉴别质量；根据菜品质量标准，对原料进行规范切配、预制处理、加热烹制和复合味型调制； 4. 验收交付：根据菜品质量标准，检查菜肴的品相、品味、品质等，自检合格后交付厨师长验收； 5. 总结反馈：按照餐饮行业管理规范指导整理厨房并归档；分析顾客反馈意见并找到改进措施；对菜肴制作过程中的经验和不足进行记录，带领团队成员沟通讨论，解决存在的问题，不断优化菜品加工质量。

课程目标

学习完本课程后，学生应当能够胜任川菜、鲁菜、粤菜、苏菜和本地域经典热菜制作的工作，并能严格执行企业作业规程和餐饮行业管理要求，包括：

1. 能根据任务单准确分析特色菜品口味、食材及顾客个性化要求，查阅与菜肴相关的传统文化、历史典故等信息；必要时与教师沟通，明确顾客订单中特色菜品的选材、味型、制作工艺、成品特点等方面要求。具备沟通交流、信息处理、文化自信等通用能力和素养。

续表

2. 能根据企业作业规程和安全卫生要求，选择合格的特色食材、调料；整理菜品制作流程，明确预制加工方式，整理烹调技法要点，确定味型调制和调味方法；安排团队人员分工，确定工作时间安排，制订工作计划，明确制作过程中的注意事项。具备解决问题、团结协作、统筹计划等通用能力。

3. 能根据菜肴制作要求，组织不同岗位人员对原料进行恰当初加工、细加工和预制加工，依据地域风味要求进行特色味型调制，如川菜调味多变，善用三椒（麻椒、辣椒、胡椒）调味；鲁菜以盐提鲜，以汤壮鲜，善用面酱，葱香突出；粤菜选料严格，追求本味和锅气，少用辛辣，讲究五滋六味；苏菜组配严谨，刀法精妙，清鲜平和，咸中带甜。具备自主学习、解决问题、追求卓越、创新精神等通用能力和素养。

4. 能根据企业操作规程和风味菜肴质量标准要求，正确运用各种调料，灵活掌握调色、调味、调香、调质等技法；运用特色烹调技法完成川菜、鲁菜、粤菜、苏菜四大中国传统风味和本地域经典热菜的制作；指导团队成员合理运用堆、托、扣、浇、摆或排、覆、堆、贴等方法进行盛装和点缀等。具备解决问题、追求卓越、创新精神等通用能力和素养。

5. 能依据特色菜品质量和卫生要求，采用目视、品尝等感官检验方法检查菜品的品相、品味、品质等，核对顾客的个性化需求，用专业标准核对菜品风味达成度，自检合格后将菜品交付教师验收。具备诚信敬业、质量管理与控制等通用能力和素养。

6. 能按照企业安全卫生要求，指导团队成员妥善保管各种原料和半成品等，规范处理厨余垃圾，分类整理、清洗消毒、归位及保养各类设备和工具，整理工作场所，规范填写工作记录。具备自我管理、与人合作、规范意识、国际视野等通用能力和素养。

7. 能严格遵守职业道德，遵守餐饮卫生、劳动保护等相关规定；能及时总结特色菜品生产过程的经验及问题，针对问题，带领团队讨论分析并加以解决；重视评价反馈，关注前沿动态，不断进行产品优化改良与拓展创新，能对本地域或中国传统四大菜系中的经典热菜菜品有所创新。

学习内容

本课程的主要学习内容包括：

一、任务单的阅读分析及资料查阅

实践知识：

1. 任务单（点菜单）的阅读分析、任务关键信息的沟通与识别；

2. 川菜、鲁菜、粤菜、苏菜四大菜系和本地域菜系中经典热菜的风味类型、烹调技法及制作工艺、成品特点等的分析与识别。

理论知识：

1. 风味菜系知识：菜系（或流派）等基本概念、风味菜系的分类、中国传统四大菜系或本地域菜系的风味特点、成因（地理环境、气候、物产等）、风味构成、经典热菜等；

2. 川菜、鲁菜、粤菜、苏菜四大菜系和本地域菜系中经典热菜的风味类型、烹调技法、制作工艺及成品特点等。

二、特色热菜制作方案的制定

实践知识：

1. 企业操作管理规范、相关特色菜谱与菜品质量标准卡、企业菜品制作手册等的查阅与使用；

续表

2. 特色菜品制作计划的编制，包括材料与工具清单整理，特色热菜菜品的烹前切配、预制，烹调工艺流程，出品装盘点缀方式等的选择与确定。

理论知识：

1. 厨房管理制度与特色设施设备工具等知识，厨房特色设施设备、相关工具的操作规范与使用维护指南、不同岗位职责及分工配合要求、厨房管理制度等知识；

2. 与四大菜系及本地域经典热菜相关的烹饪文化、历史典故、美学风格、宴席特色等知识；

3. 四大菜系及本地域经典热菜的风味特色，特色原料与调料的类别、特性和质量鉴别方法，原料切配标准，烹调工艺及技术关键点，成品质量标准，融合与创新方法等。

三、特色热菜制作任务的实施

实践知识：

1. 特色设施设备的选择与使用；

2. 特色食材选择与质量鉴别、初加工与切配；

3. 特色原料的预制加工；

4. 特色热菜调和工艺操作；

5. 运用特色烹调技法进行川菜、鲁菜、粤菜、苏菜等四大菜系和本地域经典热菜制作。

理论知识：

1. 特色原料加工成型方法与操作关键；地域特色清汤、奶汤、浓汤等特点、制作原理、制作方法及操作关键；不同地域特色的复杂调浆、制糊和勾芡等制作方法及操作关键；

2. 特色热菜调色、调味、调香、调质等工艺方法、调制原理、技术关键等；川菜中鱼香、家常、怪味、椒麻、红油、糖醋、荔枝等复合味型及其调制要点；鲁菜咸鲜纯正、突出本味的风味特点与操作关键；粤菜清、鲜、嫩、滑、爽、香且清而不淡、清中求鲜的风味特点与操作关键；苏菜口味淡雅、清鲜而略带甜味的风味特点与操作关键；地域经典菜肴成品风味特点（如湘菜中酸辣、香鲜、香辣）与操作关键等；

3. 川菜中小煎、小炒、干煸、干烧等，鲁菜中爆、炒、熘、扒、烧、拔丝等，粤菜中焗、灼、油泡、炒、煲、煎等，苏菜中炖、焖、煨、焐、蒸、烤等，以及地域特色烹调技法（如湘菜中炒、煨、炖、蒸、烧等）的工艺流程、操作关键及典型代表菜品的原料选择、加工工艺、成菜特点及操作关键等。

四、特色热菜制作任务的验收交付

实践知识：

特色热菜制作质量评估。

理论知识：

特色热菜制作质量评估方法：从菜品风味特色呈现的准确性，从火候、芡汁、调味等关键技术的控制与运用等，对菜品的色、香、味、形、质、量、营、卫、器等感官综合评测的方法。

五、特色热菜制作任务的总结反馈

实践知识：

1. 厨房环境卫生的检查、验收判断与督导，厨房管理制度的调整与优化；

续表

2. 工作记录单填写、意见反馈表查阅与分析总结等；

3. 特色热菜烹调技法总结和整理；

4. 四大菜系及地域经典热菜作业指导书的整理、风味菜品优化改良或菜品创新设计方案的制作等。

理论知识：

1. 特色烹饪原料半成品和成品的保鲜及存储方法；

2. 厨房环境卫生质量标准、厨房环境卫生控制的关键环节与关键点、影响因素，厨房环境检查与督导管理的方法，厨房管理制度的内容等；

3. 日常菜品质量控制分析报告的内容及撰写方法；

4. 特色热菜的风味特点、特色烹调工艺、技术关键等方面的问题及原因；

5. 四大菜系及地域经典热菜作业指导书或菜品创新设计方案的结构、整理方法、菜品创新方法、技巧、原则等。

六、通用能力、职业素养、思政素养

自主学习、自我管理、信息检索、理解与表达、交往与合作、创新思维、解决问题等通用能力，安全意识、营养卫生意识、规范意识、效率意识、成本意识、环保意识、质量意识、市场意识、服务意识、美学素养等职业素养，以及文化自信、劳模精神、劳动精神、工匠精神等思政素养。

参考性学习任务

序号	名称	学习任务描述	参考学时
1	川菜经典热菜制作	某餐厅销售部收到顾客预订的一桌商务宴席，订单中包含川菜经典热菜各1份（如鱼香肉丝、宫保鸡丁、麻婆豆腐、水煮牛肉、开水白菜等）。厨师长安排技师水平的热菜厨师在规定的时间内完成菜肴制作，按照出菜标准，验收合格后供顾客食用。 学生从教师处领取任务后，确定川菜经典热菜的口味特点；整理主辅料、调料清单和制作工艺流程，制订工作计划；正确选择、加工与切配特色原料，运用川菜特色的小煎、小炒、水煮等技法进行烹制，注意把握好鱼香味、煳辣味、荔枝味等复合味型的调制，盛装点缀后交由教师验收；验收合格后，及时接受反馈意见，并针对意见及时做出工作调整，形成工作闭环。 制作过程应合理计划成本，避免浪费，严格执行企业操作规则和餐饮行业管理要求，遵守《中华人民共和国食品卫生法》相关规定。	36
2	鲁菜经典热菜制作	某餐厅销售部收到顾客预订的一桌商务宴席，订单中包含鲁菜经典热菜各1份（如葱烧海参、拔丝苹果、油爆乌鱼花、糖醋黄河鲤鱼、糟熘鱼片等）。厨师长安排技师水平的热菜厨师在规定的时间内完成菜肴制作，按照出菜标准，验收合格后供顾客食用。 学生从教师处领取任务后，确定鲁菜经典热菜的口味特点；整理主辅料、调料清单和制作工艺流程，制订工作计划；正确选择、加	36

续表

2	鲁菜经典热菜制作	工与切配特色原料，进行细加工和预熟处理，结合火候特点，运用鲁菜特色的葱烧、拔丝、爆制、熘制等技法进行烹制，盛装点缀后交由教师验收；验收合格后，及时接受反馈意见，并针对意见及时做出工作调整，形成工作闭环。 制作过程应合理计划成本，避免浪费，严格执行企业操作规则和餐饮行业管理要求，遵守《中华人民共和国食品卫生法》相关规定。	
3	粤菜经典热菜制作	某餐厅销售部收到顾客预订的一桌商务宴席，订单中包含粤菜经典热菜各 1 份（如清蒸鳜鱼、金华玉树鸡、椒盐焗虾、菠萝咕噜肉、大良炒牛奶、鼎湖上素等）。厨师长安排技师水平的热菜厨师在规定的时间内完成菜肴制作，按照出菜标准，验收合格后供顾客食用。 学生从教师处领取任务后，确定粤菜经典热菜的口味特点；整理主辅料、调料清单和制作工艺流程，制订工作计划；正确选择、加工与切配特色原料；结合粤菜特色的用料与调味特点，运用特色焗、浸、焗、炒及蒸等技法进行制作，注意火候把控，盛装点缀后交由教师验收；验收合格后，及时接受反馈意见，并针对意见及时做出工作调整，形成工作闭环。 制作过程应合理计划成本，避免浪费，严格执行企业操作规则和餐饮行业管理要求，遵守《中华人民共和国食品卫生法》相关规定。	36
4	苏菜经典热菜制作	某餐厅销售部收到顾客预订的一桌商务宴席，订单中包含苏菜经典热菜各 1 份（如蟹粉狮子头、三套鸭、大煮干丝、松鼠鳜鱼、清蒸鲥鱼等）。厨师长安排技师水平的热菜厨师在规定的时间内完成菜肴制作，按照出菜标准，验收合格后供顾客食用。 学生从教师处领取任务后，确定苏菜经典热菜的口味特点；整理主辅料、调料清单和制作工艺流程，制订工作计划；进行主料细加工和预熟处理，注意熟处理的程度；选择合适的汤和调料后，运用苏菜特色的清炖、煮制、脆熘等技法进行制作，盛装点缀后交由教师验收；验收合格后，及时接受反馈意见，并针对意见及时做出工作调整，形成工作闭环。 制作过程应合理计划成本，避免浪费，严格执行企业操作规则和餐饮行业管理要求，遵守《中华人民共和国食品卫生法》相关规定。	36
5	地域经典热菜制作	某特色餐厅收到顾客预订的一桌商务宴席，订单中包含地域经典热菜（如湖南地域经典热菜：小炒黄牛肉、酸辣凤尾腰花、麻仁香酥鸡、新化三合汤、红煨八宝鸭等）。厨师长安排技师水平的热菜厨师在规定的时间内完成菜肴制作，按照出菜标准，验收合格后供顾客食用。	72

续表

5	地域经典热菜制作	学生从教师处领取任务后，确定地域经典热菜的口味特点；整理主辅料、调料清单和制作工艺流程，制订工作计划；进行主料细加工和预熟处理，注意熟处理的程度；选择合适的汤和调料后，运用湘菜技法中小炒、油爆、红煨、炸等技法进行制作，口味上注重鲜香、酸辣、脆嫩等，讲究原料入味，盛装点缀后交由教师验收；验收合格后，及时接受反馈意见，并针对意见及时做出工作调整，形成工作闭环。 制作过程应合理计划成本，避免浪费，严格执行企业操作规则和餐饮行业管理要求，遵守《中华人民共和国食品卫生法》相关规定。	

教学实施建议

1. 师资要求

任课教师需具有特色热菜制作的实践经验，具备特色热菜制作一体化课程教学设计与一体化课程教学资源选择与应用等能力，并具备中式烹调师一级及以上的职业资格。

2. 教学组织方式方法建议

采用任务导向教学方法。为确保教学安全，提高教学效果，建议采用分组教学的形式（4 ~ 6 人 / 组）；在完成工作任务的过程中，教师需加强示范与指导，注重学生职业素养和规范操作的培养。

3. 教学资源配置建议

（1）教学场地

中式烹调一体化学习工作站需具备良好的安全性能、照明和通风条件，可分为集中教学区、分组实践区、信息检索区、工具存放区和成果展示区，并配备相应的多媒体教学设备、炉灶、冰箱、排烟等设施设备，面积以至少同时容纳 30 人开展教学活动为宜。

（2）工具、材料、设备

按组配备：砧板、刀具、餐具、盛器、厨具、灶具，菜单相关的热菜制作原料、调料等。另外配置煤气泄漏检测、灭火器和灭火毯等消防设施设备等。

（3）教学资料

烹调技术、中式烹调师（技师、高级技师）等教材及相应的工作页、信息页、教学课件、菜谱、任务单（点菜单）、材料清单、工作记录单、菜品质量标准卡、意见反馈表、操作规程、典型案例、技术规范、技术标准和数字化资源等。

4. 教学管理制度

执行一体化教学场所的管理规定，如需要进行校外课程实习和岗位实习，应严格遵守生产性实训基地、企业实习等管理规章制度。

教学考核要求

本课程考核采用过程性考核与终结性考核相结合的方式，课程考核成绩 = 过程性考核 ×60%+ 终结性考核 ×40%。

1. 过程性考核（60%）

过程性考核成绩由 5 个参考性学习任务考核成绩构成。其中，川菜、鲁菜、粤菜、苏菜四大菜系经典热菜制作和地域经典热菜制作的考核成绩占比分别为 20%。

上述参考性学习任务的考核应以其学习目标为依据确定考核要点，设计考核项目。考核项目可分为技能考核类、学习成果类和通用能力观察类等类别，通过细化其评分细则，分别从专业能力、通用能力等维度对学生学习情况进行考核。

（1）技能考核类考核项目包括特色工具、特色食材的选用与质量鉴别、主要特色烹饪设备的操作、原料初加工、特色烹调技法制作工艺流程的执行、半成品和成品质量与风味准确把控的检验等关键操作技能和心智技能。

（2）学习成果类考核项目涉及各学习环节产出的学习成果，可运用地域风味特色对比图、经典热菜原料清单、菜品加工工艺流程图、菜品成本分析数据表、菜品营养分析表、风味菜品制作宣传海报、菜品创新设计方案、菜单、特色热菜菜肴成品等多种形式。

（3）通用能力观察类考核项目包括准确识读任务单，明确出品风味特点、时间、数量、质量及顾客个性化需求等，考核学生沟通交流、信息处理等通用能力；根据领料单领取原料并鉴别质量，根据菜品质量标准卡，对原料进行规范预制处理、加热烹制和复合味型调制等，考核学生规范意识、创新精神等职业素养；依据菜品质量标准卡，检查品相、品味、品质等，考核学生质量管理与控制、法治意识等素养；认真按时保质完成整个工作任务，考核学生诚信敬业、追求卓越等素养。

2. 终结性考核（40%）

学生根据任务情境要求，结合川菜、鲁菜、粤菜、苏菜等风味特色菜肴特点和制作要求制定菜肴制作方案。按照企业操作规范，进行干货原料涨发，禽肉、畜肉和水产等常见原料和海鲜等贵重原料的初加工和细加工；腌制、上浆等预处理后，综合运用炒、烧、熘等多种技法，调制麻辣、鱼香、糖醋等复合味型，完成川菜、鲁菜、粤菜、苏菜风味特色菜肴的制作，使出餐菜品达到色、香、味、形、意、养等方面的标准。

考核任务案例：自选风味鱼丝菜肴和“葱烧蹄筋”菜肴的制作

【情境描述】

某酒店中餐部收到高档宴会订单 1 份，顾客提出在 2 天后进行试菜，要求提供一道鱼丝菜肴和一道“葱烧蹄筋”菜肴。厨师长接到试菜要求后，安排技师水平的厨师进行菜肴制作。厨师需提前 1 天进行干货原料（牛蹄筋）的涨发，并于试菜当天依据个人特长从川菜、鲁菜、粤菜、苏菜等菜系经典菜品中选择一道鱼丝菜肴，按照企业出菜标准和制作流程在规定的时间（1 小时）内完成两道菜肴的制作，经验收合格后供顾客食用。

【任务要求】

根据任务情境描述，在规定的时间（1 小时）内制定鱼丝菜肴和葱烧蹄筋的制作方案，进行鱼肉和蹄筋的初加工、细加工和预制，采用炒、烧等技法成熟并进行调味，完成菜肴制作。

1. 根据任务单，从川菜、鲁菜、粤菜、苏菜等菜系经典菜品中选择一道鱼丝菜肴，明确说出该菜肴特色和选择理由；

续表

2. 整理葱烧蹄筋和鱼丝菜肴的主料、辅料和调料清单，明确鱼丝加工、腌制、熟制、调味等工艺流程和蹄筋涨发、烧制、调味、勾芡等工艺流程；

3. 干牛蹄筋经清洗、浸泡和煮制后完成涨发，进行摘剔、去杂和改刀，要求涨发的蹄筋不糟、不烂、无硬心；加工后的牛蹄筋长度约为 5 cm；

4. 炸制出葱油后下入蹄筋烧制成熟，要求葱段长度约为 4.5 cm，直径约为 2 cm，炸制后呈金黄色；

5. 出品的葱烧蹄筋要求色泽金红、口味咸鲜微甜、蹄筋软糯、葱香浓郁，汁芡均匀裹在蹄筋上；

6. 鱼肉经初加工和细加工后成为鱼丝，其中鱼丝要求约 0.4 cm 见方，长度为 8 ~ 10 cm；

7. 鱼丝上浆腌制后进行初步熟处理，其中滑油油温应控制在四成热（110 ~ 130 ℃）；

8. 调制碗芡后烹制鱼丝菜肴，要求出品色泽鲜亮、口味均匀、口感滑嫩，体现川菜、鲁菜、粤菜、苏菜四大菜系风味；

9. 菜肴烹制过程中严格遵守企业食品安全、卫生、环保等规定。

【参考资料】

完成上述任务时，可以使用所有常见的教学资料，如工作页、信息页、教材、参考书籍、网络视频、个人笔记等。

（十）特色冷菜制作课程标准

工学一体化课程名称	特色冷菜制作	基准学时	216
典型工作任务描述			

特色冷菜制作是指选用具有鲜明地域特色的食材或调料，使用特殊烹调方法或者工艺，制作具有历史文化特色、深受当地群众喜爱的代表性菜肴的过程。特色冷菜具有口味丰富、菜式讲究等特征。按照地域风味不同，特色冷菜可以分为川菜、鲁菜、粤菜、苏菜经典冷菜，特色冷菜拼盘主要指立体花色拼盘。

在高档酒楼、星级酒店、老字号品牌饭店中，川菜、鲁菜、粤菜、苏菜经典冷菜具有原料讲究、口味独特、造型优美、装盘考究等特点，是反映冷菜厨师水平的代表菜品。特色冷菜制作中，厨师需要熟悉高档原料特性并能控制火候，保证鲜度和熟度，掌握川菜、鲁菜、粤菜、苏菜常见烹调和调味方法，采用拼摆手法制作冷菜拼盘（位上）、立体造型冷菜。该类工作具有较高技术难度，通常由厨师长指派具有技师水平的厨师承担。

技师水平的厨师从厨师长处领取任务后，确定菜肴原料、口味、分量和时间等制作要求；整理原料清单和工艺流程，形成菜肴制作方案；领取加工切配的原料及盛装器皿，依据川菜、鲁菜、粤菜、苏菜冷菜制作方法，采用多道工序、多种烹调方法进行烹制，调制复合味型和不同类型卤汁，控制火候和时间，确保菜品的鲜度、嫩度，制作成全熟或能直接食用的半成品；根据菜肴成品标准改刀为各种形状，配以味汁，围边点缀装饰物后装盘，采用拼摆手法制作立体造型；自检后交付厨师长验收合格后，由服务员把菜肴传送给顾客，并从业务部门收集顾客反馈意见。

厨师需按照分量、口味、上菜时间等要求合理安排菜肴准备、预制和制作工作，并根据规定的工艺流程和出餐标准完成制作。严格执行企业作业规程和“6S”管理要求，参照《中华人民共和国食品安全法》

续表

<table>
<tr><td colspan="3">《食品生产许可管理办法》《中华人民共和国环境保护法》《餐饮服务食品安全操作规范》《餐饮业经营管理办法（试行）》等法律法规以及 GB/T 27306—2008《食品安全管理体系　餐饮业要求》、GB/T 28739—2012《餐饮业餐厨废弃物处理与利用设备》、T/CCA 004.2—2018《餐饮业就餐区和后厨环境卫生规范》等标准中的相关要求实施。</td></tr>
<tr><td colspan="3">工作内容分析</td></tr>
<tr>
<td>工作对象：
1. 获取任务：
①从厨师长处领取任务；
②与厨师长沟通任务细节，明确要求。
2. 制订计划：
①确定主辅料和工具；
②确定原料加工、熟制处理、加工调味、拼摆成型等工作流程；
③明确操作安全规范和厨房卫生要求。
3. 实施任务：
①领取原料；
②开档；
③原料初加工和细加工；
④运用川菜、鲁菜、粤菜、苏菜菜系经典技法进行熟制处理；
⑤使用川菜、鲁菜、粤菜、苏菜菜系经典技法对菜品进行加工；
⑥使用拌、浇、淋、蘸等技法进行川菜、鲁菜、粤菜、苏菜菜系经典调味；
⑦使用排、堆、叠、围、摆、覆等手法制成立体花色拼盘（位上）；
⑧装饰点缀成品并装盘。
4. 验收交付：
①检查冷菜卫生标准是否符合要求；
②检查菜品外观和口味是否达到出菜要求；</td>
<td>工具、材料、设备与资料：
1. 工具：熏锅、酱桶、炒锅、手勺、刀具、砧板、塑胶手套、抹布、保鲜膜、厨房电子秤、厨房清洁用具等；
2. 材料：地方特色食材及调料；
3. 设备：灶具、蒸箱、烤箱、汤锅、冰箱等；
4. 资料：菜谱、任务单（点菜单）、材料清单、工作记录单、菜品质量标准卡、意见反馈表、企业操作规程、GB/T 27306—2008《食品安全管理体系　餐饮业要求》和 GB/T 28739—2012《餐饮业餐厨废弃物处理与利用设备》等。
工作方法：
1. 川菜、鲁菜、粤菜、苏菜菜系经典烹调技法；
2. 川菜、鲁菜、粤菜、苏菜菜系经典调制方法；
3. 精细的刀工技法；
4. 出品装盘整齐及色彩搭配方法等。
劳动组织方式：
此任务由技师水平的厨师独立完成。从厨师长处领取工作任务，制定任务实施方案；从库管员处领取原料，</td>
<td>工作要求：
1. 获取任务：与厨师长充分沟通，明确特色冷菜的主要类型、工艺特点、典型菜品等出品要求和分量、时间等制作要求；
2. 制订计划：根据国家卫生和安全规定、企业操作规程等要求，确定所需工具、盛器、设备的消毒方法，明确工具、设备数量和规格要求，主辅料品种、数量和质量要求，确定烹制工艺流程和出品装盘点缀方式，制订计划书；
3. 实施任务：独立领取原料并完成质量鉴定；把原料加工成符合出品要求的半成品；按照川菜、鲁菜、粤菜、苏菜菜系的特色冷菜工艺完成菜品的预制加工；使用特色冷菜成菜手法完成菜品或冷拼的组合、装盘、美化等成菜工序，完成特色冷菜制作；
4. 验收交付：依据出品要求，通过看、闻、尝等主观判定或者使用电子秤、量尺等量具进行客观测量，对特色冷菜的卫生、刀工、味道、拼摆图形、色彩搭配、尺寸比例等方面进行检查；
5. 总结反馈：根据企业管理要求对剩余原料和边角料等进行有效处置；按照“6S”管理制度整理冷菜间，完成收档工作；与服务员沟通，从外观、口感、味道、分量等方面收</td>
</tr>
</table>

续表

③交付厨师长进行复检； ④交付传菜员出品。 5. 总结反馈： ①整理冷菜间； ②询问服务员，收集顾客意见； ③整理川菜、鲁菜、粤菜、苏菜菜系经典冷菜制作要点。	准备工具、设备；根据任务实施方案完成菜肴制作，并进行自检和复检；根据质检情况进行完善后，由服务员送至顾客，填写工作记录单交至厨师长。	集顾客意见；记录菜品制作过程中出现的问题并提出解决措施；整理川菜、鲁菜、粤菜、苏菜经典菜品制作要点。

课程目标

学习完本课程后，学生应当能够胜任川菜、鲁菜、粤菜、苏菜经典冷菜制作和立体造型冷拼设计、制作工作，并能严格执行企业作业规程和餐饮行业管理要求，包括：

1. 能识读、分析冷菜制作任务单，明确川菜、鲁菜、粤菜、苏菜菜系经典冷菜的历史文化、菜品特征、口味特点和制作工艺流程，明确菜品用料、口感、外观、味型等出品要求和数量、时间等工作要求。具备沟通交流、信息处理、文化自信等通用能力和素养。

2. 能根据任务单要求，独立或指导他人整理经典冷菜主辅料清单并说明主料选材要求、用量和成本，列明初加工、细加工、预熟处理、烹制调味、拼摆成型的工艺流程；整理并明确川菜、鲁菜、粤菜、苏菜经典冷菜特色原料处理、制作工艺、味型调配的特点和注意事项；进行立体花色拼盘（位上）的色彩搭配和图案设计；选择合适的工具和材料，合理分配工作时间，制订工作计划。具备成本意识、效率意识、市场意识、创新思维等素养。

3. 能遵守餐饮卫生、劳动保护等相关规定，按企业规范进入工作区域；能根据工作计划，独立领用原料并进行质量鉴别；运用蒸煮、浸泡等方法完成工具、设备、盛器等的消毒；使用加工技术将原料加工成符合出品要求的片、丝、块、条等形状的半成品；调制川式红卤、白卤、油卤和广式白卤、精卤等卤水；控制火候、烹调时间，采用炸收、蒸焖等多种烹调方法和多道工序对原料进行烹制；使用拼摆手法进行立体花色拼盘（位上）制作，把握好图案、色彩、比例的控制要点；调制红油、怪味、泡椒、酸辣等川菜、鲁菜、粤菜、苏菜菜系特色味汁；根据工作计划，控制好工作时间，在规定时间内完成符合相关标准和要求的特色冷菜制作。具备团结协作、节约意识、质量意识、诚信敬业、创新意识等通用能力和素养。

4. 能依据出品要求，通过看、尝、闻等感官检验方法和使用仪器称重量、测温度、测规格等客观检测法，独立对菜品的刀工、调味的精细程度和菜品的分量、色彩搭配、尺寸比例等进行质量自检，针对发现的不足，独立进行完善并交付教师复检。具备审美意识、质量管理、风险控制等素养。

5. 能对使用后的冷菜制作间进行清扫，对制作工具和设备进行清洗、消毒和归位，根据企业“6S”管理制度高效完成收档和实训环境卫生的清理整顿；能从外观、口感、味道、分量等方面收集反馈意见；记录菜品制作过程中出现的问题，独立提出解决措施，合理计划成本，避免浪费；整理川菜、鲁菜、粤菜、苏菜经典冷菜制作流程和制作要点。具备守正创新、精益求精等素养。

学习内容

本课程的主要学习内容包括：

一、任务单的阅读分析及资料的查阅

实践知识：

1. 任务单的阅读分析、任务单中关键信息的沟通与识别；

2. 冷菜厨房卫生管理制度的执行；

3. 冷菜厨房工具、设备的规范操作和安全操作；

4. 川菜、鲁菜、粤菜、苏菜菜系经典冷菜技法制作工艺、成品特点的分析与识别；

5. 花色拼盘的制作工艺、成品特点的分析与识别。

理论知识：

1. 川菜、鲁菜、粤菜、苏菜菜系经典冷菜的历史文化、典故及菜品特点；

2. 地域特色原料的品质标准；

3. 特色冷菜制作中的特殊工具、特殊设备的功能和操作方法；

4. 立体花色拼盘（位上）制作特点；

5. 川菜、鲁菜、粤菜、苏菜菜系经典冷菜制作工艺、口味特征及主辅料搭配。

二、特色冷菜制作方案的制定

实践知识：

1. 特色冷菜制作的主辅料、调味特点、工艺流程等信息的检索分析；

2. 特色冷菜制作计划的编制，包括主辅料清单、初细加工、预熟处理、加工调味、拼摆成型、出品装盘点缀方式的选择和确定。

理论知识：

1. 特色冷菜制作原料的质量标准和鉴别常识；

2. 特色冷菜制作的工具、用具、盛器等的消毒标准与要求；

3. 特色冷菜创意设计原则及方法；

4. 立体花色拼盘（位上）的制作方法；

5. 川菜、鲁菜、粤菜、苏菜菜系经典冷菜制作的定义、工艺、调味、火候等知识；

6. 常用酱汁调制方法；

7. 拌、浇、淋、蘸等调味方法；

8. 冷菜制作常用的排、堆、叠、围、摆、覆等装盘手法；

9. 出品点缀装饰的方式。

三、特色冷菜制作任务的实施

实践知识：

1. 看、闻、摸、摁等原料品质的鉴别与检验；

2. 工具、设备、盛器等的浸泡消毒；

3. 原料的洗涤、出肉、分档取料、切割等粗细加工；

4. 特色冷菜创意设计实施；

5. 川菜、鲁菜、粤菜、苏菜菜系经典冷菜制作；

续表

6. 成品、半成品的保存；
7. 排、堆、叠、围、摆、覆等特色冷菜装盘；
8. 立体花色拼盘（位上）制作；
9. 利用常见的调料和地方特色调料调制符合特色冷菜出品要求的酱汁；
10. 采用拌、浇、淋、蘸等进行酱汁调味；
11. 恰当器皿的盛装、点缀。
理论知识：
1. 特色冷菜制作使用的原料、工具、设备的选择方法和操作要点；
2. 川菜、鲁菜、粤菜、苏菜菜系经典冷菜烹制方法的技术要求、味型调制和操作要点。
四、特色冷菜制作任务的验收交付
实践知识：
1. 运用看、闻、尝等主观判定法和测长、称重等客观判定法对特色冷菜成品进行质量自检；
2. 特色冷菜成品瑕疵的完善。
理论知识：
1. 特色冷菜成品要求；
2. 特色冷菜成品瑕疵的完善方法。
五、特色冷菜制作任务的总结反馈
实践知识：
1. 剩余原料的处置和储存；
2. 冷菜厨房“6S”清洁整理；
3. 冷菜厨房产品质量控制和产品质量反馈；
4. 接受产品销售阶段顾客反馈的意见并记录；
5. 调整工艺或配方，制定改进举措。
理论知识：
1. 冷菜厨房“6S”管理知识；
2. 厨房环境卫生标准。
六、通用能力、职业素养、思政素养
自主学习、自我管理、信息检索、理解与表达、交往与合作、创新思维、解决问题等通用能力，安全意识、营养卫生意识、规范意识、效率意识、成本意识、环保意识、质量意识、市场意识、服务意识、美学素养等职业素养，以及文化自信、劳模精神、劳动精神、工匠精神等思政素养。

参考性学习任务

序号	名称	学习任务描述	参考学时
1	川菜经典冷菜制作	某餐厅冷菜间收到川菜经典冷菜（如夫妻肺片、口水鸡等）订单，厨师长安排冷菜厨师完成制作，要求出品分量足、清爽适口、卫生美观。	36

续表

1	川菜经典冷菜制作	学生从教师处接到任务后，分析任务单和加工要求；制订工作计划并领取经加工切配好的原料及盛装器皿，根据菜肴制作的要求完成制作前准备；根据川菜制作特点，调制卤水或者怪味、泡椒等味汁；按照口味麻、辣、鲜、香相结合的特点进行烹制，盛装点缀后交付教师验收。 在制作过程中符合冷菜加工制作要求，严格执行企业作业规程和“6S”管理规定，参照环保、卫生要求实施，按质按量制作产品，产品色泽搭配合理、荤素搭配有序。	
2	鲁菜经典冷菜制作	某餐厅冷菜间收到鲁菜经典冷菜（如水晶肘子、罗汉肚等）订单，厨师长安排冷菜厨师完成制作，要求出品分量足、清爽适口、卫生美观。 学生从教师处接到任务后，分析任务单和加工要求；制订工作计划并领取经加工切配好的原料及盛装器皿；根据菜肴制作的要求完成制作前准备；根据鲁菜原料质地优良、以盐提鲜、以汤壮鲜的特点进行烹制，盛装点缀后交付教师验收。 在制作过程中符合冷菜加工制作要求，严格执行企业作业规程和“6S”管理规定，参照环保、卫生要求实施，按质按量制作产品，产品色泽搭配合理、荤素搭配有序。	36
3	粤菜经典冷菜制作	某餐厅冷菜间收到粤菜经典冷菜（如白斩鸡、叉烧肉等）订单，厨师长安排冷菜厨师完成制作，要求出品分量足、清爽适口、卫生美观。 学生从教师处接到任务后，分析任务单和加工要求；制订工作计划并领取经加工切配好的原料及盛装器皿，根据菜肴制作的要求完成制作前准备；根据粤菜用料讲究鲜活、注重本味、口味清淡，力求清中求鲜、淡中求美、注重时令变化等特点进行制作，盛装点缀后交付教师验收。 在制作过程中符合冷菜加工制作要求，严格执行企业作业规程和“6S”管理规定，参照环保、卫生要求实施，按质按量制作产品，产品色泽搭配合理、荤素搭配有序。	36
4	苏菜经典冷菜制作	某餐厅冷菜间收到苏菜经典冷菜（如炝虎尾、水晶肴蹄等）订单，厨师长安排冷菜厨师完成制作，要求出品分量足、清爽适口、卫生美观。 学生从教师处接到任务后，分析任务单和加工要求；制订工作计划并领取经加工切配好的原料及盛装器皿，根据菜肴制作的要求完成制作前准备；根据苏菜选料严格、制作精细、注重刀工、造型雅	36

续表

4	苏菜经典冷菜制作	致的特点进行烹制，盛装点缀后交付教师验收。 在制作过程中符合冷菜加工制作要求，严格执行企业作业规程和“6S”管理规定，参照环保、卫生要求实施，按质按量制作产品，产品色泽搭配合理、荤素搭配有序。	
5	地域经典冷菜制作	某餐厅冷菜间收到本地域经典冷菜订单，厨师长安排冷菜厨师完成制作，要求出品分量足、清爽适口、卫生美观。 学生从教师处接到任务后，分析任务单和加工要求；制订工作计划并领取经加工切配好的原料及盛装器皿，根据菜肴制作的要求完成制作前准备，按照工作计划和菜肴成品标准，根据本地域冷菜特色（以徐州为例：取料广泛，注重食疗，兼具南北风味，口味较重，注重酸、辣、甜味相结合）进行制作，盛装点缀后交付教师验收。 在制作过程中符合冷菜加工制作要求，严格执行企业作业规程和“6S”管理规定，参照环保、卫生要求实施，按质按量制作产品，产品色泽搭配合理、荤素搭配有序。	36
6	立体造型冷拼设计与制作	某餐厅接到高档商务宴席订单 1 份，每桌需要制作立体造型冷拼（位上）1 份。厨师长安排冷菜厨师完成制作，要求考虑整体的卫生、安全、实用性，符合产品质量标准要求。 学生从教师处接到任务后，明确任务要求；根据菜肴的规格标准和加工需求，结合原料的特性把事前处理好的动植物原料，在规定时间内按操作规程进行搭配，采用不同的刀法和拼摆技法按照一定的次序、层次和位置拼摆成技术难度较高的综合图案，并将制作好的成品交付教师验收。 在制作过程中符合冷菜加工制作要求，严格执行企业作业规程和“6S”管理规定，参照环保、卫生要求实施，按质按量制作产品，产品色泽搭配合理、荤素搭配有序。	36

教学实施建议

1. 师资要求

任课教师需具有特色冷菜制作的实践经验，具备特色冷菜制作一体化课程教学设计与一体化课程教学资源选择与应用等能力，并具备中式烹调师一级及以上的职业资格。

2. 教学组织方式方法建议

采用任务导向教学方法。为确保教学安全，提高教学效果，建议采用分组教学的形式（4~6 人 / 组）；在完成工作任务的过程中，教师需加强示范与指导，注重学生职业素养和规范操作的培养。

3. 教学资源配置建议

（1）教学场地

中式烹调一体化学习工作站需具备良好的安全性能、照明和通风条件，可分为集中教学区、分组实践区、信息检索区、工具存放区和成果展示区，并配备相应的多媒体教学设备、炉灶、冰箱、排烟等设施设备，面积以至少同时容纳 30 人开展教学活动为宜。

（2）工具、材料、设备

按组配备：砧板、刀具、餐具、盛器、厨具、灶具；各地常见原料、调料等。

（3）教学资料

烹调技术、中式烹调师（技师、高级技师）等教材及相应的工作页、信息页、教学课件、菜谱、任务单（点菜单）、材料清单、工作记录单、菜品质量标准卡、意见反馈表、操作规程、典型案例、技术规范、技术标准和数字化资源等。

4. 教学管理制度

执行一体化教学场所的管理规定，如需要进行校外课程实习和岗位实习，应严格遵守生产性实训基地、企业实习等管理规章制度。

教学考核要求

本课程考核采用过程性考核与终结性考核相结合的方式，课程考核成绩 = 过程性考核 ×60%+ 终结性考核 ×40%。

1. 过程性考核（60%）

过程性考核成绩由 6 个参考性学习任务考核成绩构成。其中，川菜经典冷菜制作、鲁菜经典冷菜制作、粤菜经典冷菜制作、苏菜经典冷菜制作的考核成绩占比分别为 20%；地域经典冷菜制作、立体造型冷拼设计与制作的考核成绩占比分别为 10%。

上述参考性学习任务的考核应以其学习目标为依据确定考核要点，设计考核项目。考核项目可分为技能考核类、学习成果类和通用能力观察类等类别，通过细化其评分细则，分别从专业能力、通用能力等维度对学生学习情况进行考核。

（1）技能考核类考核项目包括特色工具、食材的选用与质量鉴别、主要特色烹饪设备的操作、原料初加工、特色烹调技法制作工艺流程的执行、半成品和成品质量与风味准确把控的检验等关键操作技能和心智技能。

（2）学习成果类考核项目涉及各学习环节产出的学习成果，可运用地域风味特色对比图、经典冷菜原料清单、菜品加工工艺流程图、原料结构图、成本分析数据表、风味特色海报、实训日志、菜品创新设计图、思维导图、工作计划、菜单、特色冷菜菜肴成品、立体造型冷拼成品等多种形式。

（3）通用能力观察类考核项目包括与厨师长充分沟通，明确特色冷菜的主要类型、工艺特点、典型菜品等出品要求，考核学生沟通合作、信息处理等通用能力；根据相关标准，确定工具设备、主辅料，确定烹制工艺流程和出品装盘点缀方式，考核学生效率意识、市场意识、创新思维等素养；按照川菜、鲁菜、粤菜、苏菜菜系的特色冷菜工艺完成菜品的预制加工，使用特色冷菜成菜手法完成菜品和冷拼的组合、装盘、美化等，考核学生审美意识、质量管理、成本意识、创新意识等素养；认真按时保质完成整个工作任务，考核学生诚信敬业、文化自信、工匠精神等素养。

2. 终结性考核（40%）

学生根据任务情境要求，选用常见烹饪原料、调料，整理原料初加工、细加工和四大菜系经典冷菜技法工艺流程；对原料进行刀工处理后，使用焯水等技法进行初步熟处理，采用特色冷菜技法进行加工后调味，并对菜品进行装饰点缀，使菜品达到刀工整齐、色泽艳丽、装盘整洁美观、构图合理等出餐标准。

考核任务案例：川菜经典冷菜“夫妻肺片”的制作

【情境描述】

某餐厅接到一桌中档宴会订单，顾客要求提供川菜经典冷菜“夫妻肺片”菜肴1道。厨师长向冷菜厨房派发任务，要求冷菜厨师在规定的时间（3小时）内使用川菜经典冷菜制作技法完成冷菜菜肴制作。

【任务要求】

根据任务情境描述，在规定的时间（3小时）内，根据川菜善用白卤水、红卤水调制方法及前置卤制技法，一菜一格，百菜百味，口味麻、辣、鲜、香相结合的特点，再用熟拌技法完成菜肴制作任务。

1. 根据任务单，整理菜肴用料和工具清单，明确冷菜制作工艺流程，要求以书面形式进行制作过程描述；

2. 制订冷菜制作计划，先运用原料前置技法加工成熟，再用熟拌技法完成菜肴制作，出品装盘；

3. 符合川菜善用白卤水、红卤水的调制方法，运用前置卤制技法将牛口条、金钱肚卤制成熟，冷却后切成长、宽、厚为8 cm×2 cm×0.5 cm的片，调味符合麻、辣、鲜、香相结合的特点，再用熟拌技法完成菜肴制作并装盘；

4. 菜肴烹制过程中严格遵守卫生、环保等规定，符合食品安全要求。

【参考资料】

完成上述任务时，可以使用所有常见的教学资料，如工作页、信息页、教材、参考书籍、网络视频、个人笔记等。

（十一）主题雕刻设计与制作课程标准

工学一体化课程名称	主题雕刻设计与制作	基准学时	180
典型工作任务描述			

主题雕刻设计与制作是指为庆祝特殊时刻或组织大型商务活动而举办的高端宴会中，餐饮企业在餐桌上放置大型主题雕刻作品或者装饰，以达到烘托宴席氛围、体现宴席规格的行为。按照生日、节日、婚庆、升学等不同宴席主题的需求，雕刻设计与制作可以分为植物、器物、禽鸟、瑞兽主题。

星级酒店和大型餐饮企业中，厨师在为宴席设计和制作主题雕刻时，需要进行图样的构思与设计，使用多样的雕刻和拼摆技法，用以提升作品美感和观赏价值。由于此类雕刻图案复杂、花样众多、规模较大，制作成本和精美程度要求较高，通常由技师水平的厨师来完成。

技师水平的厨师从主管处领取工作任务，沟通确定宴会性质和雕刻的主题，明确制作预算、数量、时间等加工要求；分析宴会主题、顾客需求，设计雕刻图样，并与顾客沟通后确认设计；进行人员分工，确定制作流程和时间安排，制订工作计划；领取经初加工的原料及盛装器皿，准备刀具，运用整雕、零雕整装等技法进行植物、器物、禽鸟、瑞兽等主题图案的创作与调整，完成后交由主管验收；验收合格后，用于宴会装饰。

主题雕刻制作应点明宴会主题，提升宴会规格，发挥融入文化、装饰宴会、增添情趣、烘托气氛的作用。工作过程中，应合理计划成本，避免浪费。严格执行企业作业规程和餐饮行业管理要求，参照《中华人民共和国食品安全法》《中华人民共和国食品安全法实施条例》《餐饮服务食品安全监督管理办法》等法律法规以及 GB 31654—2021《食品安全国家标准　餐饮服务通用卫生规范》、T/CCA 004.2—2018《餐饮业就餐区和后厨环境卫生规范》等标准中的相关要求实施。

工作内容分析

工作对象：	工具、材料、设备与资料：	工作要求：
1. 获取任务： ①从主管处领取任务； ②沟通主题雕刻设计与制作出品要求。 2. 制订计划： ①整理所需原料清单； ②整理原料加工和处理流程； ③整理植物、器物、禽鸟、瑞兽主题图案的设计与制作工艺流程； ④明确操作安全规范和厨房卫生要求。 3. 实施任务： ①领取原材料； ②开档并做好准备工作； ③使用整雕、零雕整装等技法进行雕刻制作。 4. 验收交付： ①检查主题造型特征和颜色搭配； ②交付主管进行复检； ③交付用于装饰。 5. 总结反馈： ①收档并整理工作区域； ②整理植物、器物、禽鸟、瑞兽主题图案的设计与制作要点。	1. 工具：砧板、雕刻刀具、餐具、盛器； 2. 材料：萝卜、黄瓜、南瓜、西瓜等用于主题宴会雕刻制作的原料； 3. 设备：厨具、灶具等； 4. 资料：标准菜谱、任务单（点菜单、宴席菜单）、企业操作规程。 **工作方法：** 1. 原料安全质量的鉴别、菜肴相关饮食文化、构图方法等； 2. 整雕、零雕整装等操作技法； 3. 植物、器物、禽鸟、瑞兽主题图案的设计与雕刻工艺流程； 4. 成品的保管方法； 5. 成品质量鉴定方法。 **劳动组织方式：** 以独立或小组合作的方式完成任务。从主管处领取工作任务，根据需要查阅相关标准菜谱，到工具库房领取必要工具，到原料库房领取烹饪原料；必要时与主管进行情况沟通；自检合格后交付主管进行质量检验。	1. 获取任务：与主管充分沟通，明确主题雕刻制作工艺特点和成品质量标准，确定用料和数量、时间等工作要求； 2. 制订计划：明确雕刻和装饰所需蔬菜和水果等原料清单，明确数量和质量要求；根据出品要求确定植物、器物、禽鸟、瑞兽主题图案的设计方案与食品雕刻工艺流程，明确操作技术要点； 3. 实施任务：使用整雕、零雕整装等技法进行植物、器物、禽鸟、瑞兽主题图案的设计与制作； 4. 验收交付：使用目视、触摸等方法对作品造型、比例等特征和装饰的形态、颜色搭配、表现形式进行检查；使用低温保藏法、冷水浸泡法、喷水保鲜法等方法保管雕刻和装饰成品； 5. 总结反馈：按照厨房“6S”管理制度整理冷菜间；与冷菜主管进行沟通，对食品雕刻制作过程、自检结果进行说明。

续表

课程目标
学习完本课程后，学生应当能够胜任以植物为主题图案的设计与制作、以器物为主题图案的设计与制作、以禽鸟为主题图案的设计与制作、以瑞兽为主题图案的设计与制作等工作任务，并能严格执行企业作业规程和餐饮行业管理要求，包括： 1. 能读懂任务单，与教师沟通植物、器物、禽鸟、瑞兽主题图案的雕刻特点、典型案例、主题形象和使用场合，确定制作预算、数量、时间等工作要求。具备沟通交流、信息处理、文化自信等通用能力及素养。 2. 能查阅参考资料，独立整理原料、工具清单并把握用量和质量要求，合理用料，因材施技；进行植物、器物、禽鸟瑞兽主题图案的设计，整理雕刻制作工艺流程、雕刻要点或制作要求，进行人员分工和时间安排，制订工作计划。具备审美意识、协作意识、效率意识、市场意识等素养。 3. 能使用整雕、零雕整装等技法进行植物、器物、禽鸟、瑞兽主题图案的雕刻创作，并对造型特征、雕刻比例、色彩搭配进行调整，完成组装、摆放。具备团队精神、协作意识、过程控制、解决问题、创新思维等通用能力及素养。 4. 能采用目视、测量等方法对雕刻作品造型、比例和装饰形态、颜色搭配、表现形式等方面进行检查，并按照质量标准对成品进行检测；使用低温保藏法、冷水浸泡法、喷水保鲜法等保管方法保管雕刻和装饰成品；能听取教师反馈并对作品进行改进。具备诚信敬业、审美意识、标准意识、服务意识等素养。 5. 能在规定时间内独立或合作完成雕刻作品的制作，按照标准对成品进行测评；遵守餐饮卫生、劳动保护等相关规定，按企业规范进入工作区域，操作结束后按照标准整理清扫工作区域；结合任务主题及成品质量，独立对工作过程、技术要点、主题造型设计细节等进行总结反思，创新改进。具备环保意识、守正创新、精益求精等素养。
学习内容
本课程的主要学习内容包括： 一、任务单的阅读分析及资料的查阅 实践知识： 1. 主题雕刻设计与制作任务单的阅读分析； 2. 任务主题、具体内容、成品规格、完成时间、工作要求等任务关键信息的提取； 3. 植物、器物、禽鸟、瑞兽主题图案的设计及图样绘制。 理论知识： 1. 主题雕刻设计与制作的概念、作用及种类； 2. 主题雕刻设计与制作的工作内容与要求； 3. 主题雕刻使用方法及原则； 4. 主题雕刻设计与制作图案构思的题材、分类、制作步骤、美化与运用等。 二、主题雕刻设计与制作方案的制定 实践知识： 1. 刀具等工具、设备领用单的填写；

2. 原料领用单的填写；

3. 主题雕刻设计与制作工艺流程的填写。

理论知识：

1. 主题雕刻设计与制作厨房工具、设备、盛器的功能、使用方法及消毒要求；

2. 主题雕刻设计与制作原料的选择及质量鉴别方法；

3. 主题雕刻设计与制作原料的特性及刀法选择方法；

4. 主题雕刻设计与制作的基本步骤；

5. 主题雕刻设计与制作的成品标准及要求。

三、主题雕刻设计与制作任务的实施

实践知识：

1. 独立整理原料、工具清单并说明用量和质量要求；

2. 确定植物、器物、禽鸟、瑞兽主题图案的雕刻设计方案；

3. 使用整雕、零雕整装等技法进行植物、器物、禽鸟、瑞兽主题图案的雕刻创作；

4. 运用感官鉴别的方法对雕刻作品的比例和装饰形态、颜色搭配、表现形式等方面进行质量把控及误差补偿；

5. 采用低温保藏法、冷水浸泡法、喷水保鲜法等保管方法保管雕刻成品。

理论知识：

1. 雕刻原料的规格、色彩、性质等特点及在食品雕刻中的用途；

2. 植物、器物、禽鸟、瑞兽主题图案设计的寓意与使用禁忌；

3. 食品雕刻拼接、加固及造型美化的基本方法与手段；

4. 食品雕刻半成品及成品的最佳保鲜储存方法、手段及最佳保质期。

四、主题雕刻设计与制作任务的验收交付

实践知识：

1. 通过感官鉴别对成品质量进行主观判定；

2. 结合成品标准对成品质量进行客观判定；

3. 雕刻主题设计与文化内涵的构思。

理论知识：

1. 感官鉴别的种类、方法及要求；

2. 质量检验的概念、目的、方法、要求等；

3. 中国传统文化在主题雕刻设计中的意义和作用。

五、主题雕刻设计与制作任务的总结反馈

实践知识：

1. 按照企业“6S”管理制度收档；

2. 对工具、设备进行清点、清洁、保养、归类、归位；

3. 任务实施过程要点与问题的记录；

续表

4. 成品质量反馈与改进；

5. 总结报告的撰写。

理论知识：

1. 收档的基本流程及注意事项；

2. 工具、设备清洁保养的操作规范及质量标准；

3. 任务实施过程要点的提纲式归纳方法；

4. 厨房“6S”管理知识。

六、通用能力、职业素养、思政素养

自主学习、自我管理、信息检索、理解与表达、交往与合作、创新思维、解决问题等通用能力，安全意识、营养卫生意识、规范意识、效率意识、成本意识、环保意识、质量意识、市场意识、服务意识、美学素养等职业素养，以及文化自信、劳模精神、劳动精神、工匠精神等思政素养。

参考性学习任务

序号	名称	学习任务描述	参考学时
1	植物主题雕刻设计与制作	某星级酒店厨房收到第二天高档寿宴订单 1 桌，冷菜主管安排厨师在 180 分钟内完成一个植物主题图案的生日祝寿食品雕刻设计与制作，用于第二天宴席装饰，要求成品形象逼真、色彩鲜艳、干净卫生。 学生从教师处领取任务后，确定植物主题图案的生日祝寿食品雕刻设计与制作成品特点；整理原料清单和制作工艺流程，制订工作计划；进行原料细加工；运用整雕、零雕整装等制作工艺进行加工，完成后交由教师验收；验收合格后，用于宴会装饰。 工作过程中严格执行企业作业规程和餐饮行业管理规定，参照食品安全、环境卫生相关要求实施。	42
2	器物主题雕刻设计与制作	某星级酒店厨房收到第二天高档家宴订单 1 桌，冷菜主管安排厨师在 180 分钟内完成一个器物主题图案的节日家宴食品雕刻设计与制作，用于第二天宴席装饰，要求成品形象逼真、色彩鲜艳、干净卫生。 学生从教师处领取任务后，确定器物主题图案的节日家宴食品雕刻设计与制作成品特点；整理原料清单和制作工艺流程，制订工作计划；进行原料细加工；运用整雕、零雕整装等制作工艺进行加工，完成后交由教师验收；验收合格后，用于宴会装饰。 工作过程中严格执行企业作业规程和餐饮行业管理规定，参照食品安全、环境卫生相关要求实施。	48

续表

3	禽鸟主题雕刻设计与制作	某星级酒店厨房收到第二天高档婚宴订单1桌，冷菜主管安排厨师在180分钟内完成一个禽鸟主题图案的新婚喜庆食品雕刻设计与制作，用于第二天宴席装饰，要求成品形象逼真、色彩鲜艳、干净卫生。 学生从教师处领取任务后，确定禽鸟主题图案的新婚喜庆食品雕刻设计与制作成品特点；整理原料清单和制作工艺流程，制订工作计划；进行原料细加工；运用整雕、零雕整装等制作工艺进行加工，完成后交由教师验收；验收合格后，用于宴会装饰。 工作过程中严格执行企业作业规程和餐饮行业管理规定，参照食品安全、环境卫生相关要求实施。	48
4	瑞兽主题雕刻设计与制作	某星级酒店厨房收到第二天高档喜宴订单1桌，冷菜主管安排厨师在180分钟内完成一个瑞兽主题图案的升学升迁食品雕刻设计与制作，用于第二天宴席装饰，要求成品形象逼真、色彩鲜艳、干净卫生。 学生从教师处领取任务后，确定瑞兽主题图案的升学升迁食品雕刻设计与制作成品特点；整理原料清单和制作工艺流程，制订工作计划；进行原料细加工；运用整雕、零雕整装等制作工艺进行加工，完成后交由教师验收；验收合格后，用于宴会装饰。 工作过程中严格执行企业作业规程和餐饮行业管理规定，参照食品安全、环境卫生相关要求实施。	42

教学实施建议

1. 师资要求

任课教师需具有主题雕刻设计与制作的实践经验，具备主题雕刻设计与制作一体化课程教学设计与一体化课程教学资源选择与应用等能力，并具备中式烹调师一级及以上的职业资格。

2. 教学组织方式方法建议

采用任务导向教学方法。为确保教学安全，提高教学效果，建议采用分组教学的形式（4~6人/组）；在完成工作任务过程中，教师需加强示范与指导，注重学生职业素养和规范操作的培养。

3. 教学资源配置建议

（1）教学场地

中式烹调一体化学习工作站需具备良好的安全性能、照明和通风条件。可分为集中教学区、分组实践区、信息检索区、工具存放区和成果展示区，并配备相应的多媒体教学设备、资料柜、餐具柜、白板、冰箱等设施，面积以至少同时容纳30人开展教学活动为宜。

（2）工具、材料、设备

按组配备：配套的雕刻刀具和工具、文具、砧板、餐具、盛器、抹布；素描纸、仿真眼、牙签、竹签、

续表

502 胶水、铁丝、花艺胶带、保鲜盒、保鲜膜、食用盐；常见萝卜、南瓜、西瓜、芋头等果蔬类原料及常用点缀花草。

（3）教学资料

冷拼与食品雕刻、中式烹调师（技师、高级技师）等教材及相应的工作页、信息页、教学课件、菜谱、任务单（点菜单）、材料清单、工作记录单、菜品质量标准卡、意见反馈表、操作规程、典型案例、技术规范、技术标准和数字化资源等。

4. 教学管理制度

执行一体化教学场所的管理规定，如需要进行校外课程实习和岗位实习，应严格遵守生产性实训基地、企业实习等管理规章制度。

教学考核要求

本课程考核采用过程性考核与终结性考核相结合的方式，课程考核成绩 = 过程性考核 ×60%+ 终结性考核 ×40%。

1. 过程性考核（60%）

过程性考核成绩由 4 个参考性学习任务考核成绩构成。植物主题雕刻设计与制作、器物主题雕刻设计与制作、禽鸟主题雕刻设计与制作、瑞兽主题雕刻设计与制作的考核成绩各占比 25%。

上述参考性学习任务的考核应以其学习目标为依据确定考核要点，设计考核项目。考核项目可分为技能考核类、学习成果类和通用能力观察类等类别，通过细化其评分细则，分别从专业能力、通用能力等维度对学生学习情况进行考核。

（1）技能考核类考核项目包括工具和原料的选用、雕刻工具的操作、原料分配、主题雕刻设计与制作工艺流程的执行、半成品和成品质量的检验等关键操作技能和心智技能。

（2）学习成果类考核项目涉及各学习环节产出的学习成果，可运用原料清单、工艺流程图、原料结构图、实训日志、设计图、思维导图、工作计划、主题雕刻设计与制作作业指导书及半成品、成品等多种形式。

（3）通用能力观察类考核项目包括根据主管要求明确主题、雕刻制作工艺特点和成品质量标准，确定用料和数量、时间等工作要求，考核学生沟通协作、信息处理等通用能力；根据出品要求确定植物、器物、禽鸟、瑞兽为主题图案的设计方案与食品雕刻工艺流程、操作技术要点等，考核学生美学创作、效率意识、市场意识、创新意识等素养；使用目视等方法对作品造型、比例等特征和装饰形态、颜色搭配、表现形式进行检查，考核学生标准意识、服务意识、质量控制、美学素养等素养；认真按时保质完成整个工作任务，考核学生文化自信、诚信敬业、精益求精等素养。

2. 终结性考核（40%）

学生根据任务情境要求，选用常见果蔬为雕刻装饰原料，使用组合雕刻、整雕等技法进行主题宴会雕刻制作，成品达到刀工整齐、构图合理、比例恰当、色泽艳丽、符合食品卫生要求的出餐标准。

考核任务案例：“松鹤延年”的制作

【情境描述】

某中餐厅中厨房收到第二天高档寿宴订单 1 桌，主管安排厨师在 180 分钟内完成一个“松鹤延年”的

续表

成品制作，用于第二天宴席装饰。成品要求主体高度不少于 25 cm，刀工整齐、构图合理、比例恰当、色泽艳丽、符合食品卫生要求的出餐标准。

【任务要求】

根据任务情境描述，在规定的时间（180 分钟）内完成原料制坯、雕刻、组装等工作，完成“松鹤延年”的制作任务。

1. 根据任务单，整理菜肴用料和工具清单，明确雕刻工艺流程，并以图示的形式描述设计方案；

2. 按计划制作仙鹤，要求刀工整齐，比例恰当，操作过程符合食品卫生要求；

3. 制作松树，要求雕刻成品形态美观、层次清晰、比例得当、结构合理，与主题创意相符，立体感强；

4. 制作过程中严格遵守企业食品安全、卫生、环保等规定。

【参考资料】

完成上述任务时，可以使用所有常见的教学资料，如工作页、信息页、教材、参考书籍、网络视频、个人笔记等。

（十二）主题宴席设计与制作课程标准

工学一体化课程名称	主题宴席设计与制作	基准学时	180
典型工作任务描述			
主题宴席是为表示欢迎、答谢、祝贺、喜庆等而举行的一种隆重的、正式的餐饮活动。主题宴席的设计与制作是指厨师根据顾客提出的宴席主题需求，结合地方风俗、时代特点、时令季节、人文风貌和客源结构等因素，设计相应主题的宴席菜单，并进行原料采购、加工组配、菜点制作和组装上菜的活动。按照宴席的主题类型不同，可分为婚礼宴席、生日宴席、答谢宴席、庆祝宴席等。 承办主题宴席是餐饮企业提供的一项主要服务，是企业主要收入和利润来源。主题宴席反映餐饮企业厨艺和服务水平，需要厨师根据顾客需求和预算进行主题构思、设计菜单并组织菜品制作和出菜。主题宴席的设计和制作既要求厨师熟悉民俗、民风、餐饮知识，也要求厨师具有组织菜肴烹制、控制宴席品质的能力，它是一项难度较高的复合型工作。餐饮企业中，此类工作由技师水平的厨师担任。 技师水平的厨师接到宴席订单后，与销售人员沟通并分析顾客要求；结合酒店的供应能力、菜肴特色，设计符合主题、匹配预算、营养均衡、搭配合理的宴席菜单；与顾客沟通确认后，制订工作计划并领取原料及盛装器皿，协调采购原料并分配各部门厨师工作；根据菜品的制作要求进行原料加工和准备，按上菜顺序制作菜品，并进行盛装点缀和拼装；经厨师长验收合格后，交由服务员按菜单上菜顺序依次传送给顾客。宴席结束后询问顾客的满意程度，收集合理化建议，并对厨房工作区域进行卫生整理。 主题宴席设计应准确把握顾客需求、分析顾客消费心理，匹配酒店承接能力。设计过程中紧扣宴席主题，合理把握菜肴数量和成本，避免浪费，并结合季节特点，注重菜肴色彩搭配和质地变化等；组织菜肴制作时应发挥餐饮企业技术优势，符合营养卫生要求。严格执行企业作业规程和餐饮行业管理要求，			

参照GB/T 27306—2008《食品安全管理体系　餐饮业要求》、GB/T 28739—2012《餐饮业餐厨废弃物处理与利用设备》、T/CCA 004.2—2018《餐饮业就餐区和后厨环境卫生规范》等标准中的相关要求进行实施。		
工作内容分析		
工作对象： 1. 获取任务： ①从厨师长处领取任务； ②与销售人员沟通细节，了解要求。 2. 制订计划： ①整理宴席菜品制作的相关任务清单及相关要求； ②确定工具、原料、加工制作工艺流程； ③设计主题宴席菜单和制订工作计划； ④明确操作安全和厨房卫生要求。 3. 实施任务： ①申请采购，领取原料； ②开档清洁，领取工具、餐具； ③按照菜单要求对原料进行初加工、细加工，预制半成品，完成主题宴席菜肴组配； ④按照菜单上菜顺序和菜肴成品标准进行烹制出菜； ⑤装饰点缀成品。 4. 验收交付： ①自检是否按菜单的品种和数量出菜； ②自检菜品外观和口味是否达到出菜要求； ③由厨师长进行复检； ④交付服务员上菜。	**工具、材料、设备与资料：** 1. 工具：纸、笔、砧板、刀具、餐具、厨具、盛器等； 2. 材料：菜单相关的原料、调料； 3. 设备：计算机、打印机、灶具、蒸锅、烤箱、汤锅等； 4. 资料：菜谱、各类宴席菜单、操作流程表、任务单（点菜单）、意见反馈表、企业操作规程、GB/T 27306—2008《食品安全管理体系　餐饮业要求》和GB/T 28739—2012《餐饮业餐厨废弃物处理与利用设备》等。 **工作方法：** 1. 顾客需求沟通要点； 2. 主题宴席菜单编制原则和方法； 3. 主题宴席成本分配方法； 4. 主题宴席菜品搭配原则和选择方法； 5. 主题宴席菜肴上菜原则和排布方法； 6. 主题宴席原料选择及加工方法； 7. 主题宴席菜品味型调和方法； 8. 主题宴席菜品制作方法； 9. 主题宴席出品装盘美化方法； 10. 主题宴席成品质量鉴定方法。 **劳动组织方式：** 此任务在厨师长的指导下完成。技师水平的厨师从厨师长处领取工作任务并沟通细节，完成菜单设计，制订工作计划；申请采购并从库管员处领取原料，分配工作至厨房各个部门；各岗位厨师配合完成原料初加工、细加工，菜肴组配和预制，并	**工作要求：** 1. 获取任务：根据厨师长的要求，明确工作内容、工作流程、制作工艺、菜品成菜标准和要求、人员安排；预估企业供应能力；了解顾客需求，个性化制定符合宴席主题的主题宴席菜单； 2. 制订计划：根据企业作业规程和安全、卫生要求，确定工具、材料和工作流程；核算宴席成本，确定宴席菜品原料构成、加工方法及工艺流程、组配要求、工具设备使用、验收标准和厨房人员安排； 3. 实施任务：根据企业操作规程，进行原料采购；按照菜品数量、质量、上菜顺序和菜肴成品标准进行烹制，并装饰点缀成品；操作过程符合食品安全卫生规范； 4. 验收交付：根据菜品质量标准，自检菜肴出品的数量、质量（包括火候、色泽、质感、口味、装饰、卫生等），并交付

续表

5. 总结反馈： ①收档并整理厨房工作现场； ②询问服务员顾客满意度，收集用餐意见反馈； ③根据反馈意见，组织团队总结改进，使工作计划方案成为宴会设计与制作的标准化工作文案。	合作完成菜肴成品制作；根据宴席要求和菜肴标准进行自检，由厨师长复检合格后，交付服务员送至顾客。	厨师长复检； 5. 总结反馈：按照安全、卫生要求及企业“6S”管理制度整理工具和现场；分析顾客意见，总结改进方案。

课程目标

学习完本课程后，学生应当能够胜任婚礼、生日、答谢、庆祝等主题宴席设计与制作工作任务，严格执行企业作业规程和餐饮行业管理要求，包括：

1. 能读懂任务单，明确宴席规模、预算、顾客类型等基本信息和饮食风俗、菜式风格、口味偏好等个性化需求。具备沟通交流、信息处理、文化自信、服务意识等通用能力和素养。

2. 能依据宴席消费标准和顾客需求确定宴席菜点数量和桌数，计算成本并确定宴席菜单档次；选择适当冷菜、热菜、汤菜和面点进行组配并确认上菜顺序，设计宴席菜单；与顾客沟通，修订宴席菜单后提交至厨师长，准备组织生产；协调采购原材料，选择工具和设备，合理分配工作时间，制订工作计划。具备统筹安排、协调沟通、自主管理、创新意识、市场意识、成本控制、主题宴席设计元素的和谐搭配意识等通用能力和素养。

3. 能根据企业操作规程和菜品质量标准要求，组织原料准备和加工，按上菜顺序，运用冷菜、热菜烹调方法制作菜品，控制菜品制作火候，准确调味，并进行盛装、点缀和拼装，把控菜品数量和出菜顺序。具备团结协作、过程控制、质量管理、精益求精等通用能力和素养。

4. 能依据菜品质量和卫生要求，采用目视、品尝等感官检验方法，检查菜品外观、口味和熟制程度；监控菜品的数量和出餐顺序，控制出品节奏。具备诚信敬业、精益求精等素养。

5. 能在宴席结束后收集反馈意见并提出改进措施；按照企业安全和卫生要求收档，工具归位，整理工作场所。具备沟通交流、精益求精等通用能力和素养。

6. 能严格遵守职业道德、餐饮卫生、劳动保护等相关规定，合理计划成本，避免浪费。

学习内容

本课程的主要学习内容包括：

一、主题宴席设计与制作任务单的阅读分析及资料查阅

实践知识：

1. 主题宴席设计与制作任务单的阅读分析，对具体内容、完成时间、工作要求等要素的解读；

2. 主题宴席设计与制作任务单关键信息的提取；

3. 主题宴席设计与制作任务相关内容的信息处理；

4. 整理主题宴席设计与制作菜肴工作流程；
5. 确定主题宴席设计与制作菜品数量和种类搭配比例。
理论知识：
1. 主题宴席菜单设计的概念；
2. 主题宴席设计与制作的原则；
3. 宴席设计知识；
4. 宴席上菜的原则；
5. 顾客消费心理知识；
6. 原料的选择原则。
二、主题宴席设计与制作方案的制定
实践知识：
1. 明确主题宴席设计与制作菜肴工作流程；
2. 明确菜品数量和种类搭配比例；
3. 明确宴席菜品数量、品种、原料及口味的设计；
4. 明确主题宴席设计与制作检查方法。
理论知识：
1. 主题宴席菜单编制原则和方法；
2. 主题宴席原料加工的要点、注意事项。
三、主题宴席设计与制作任务的实施
实践知识：
1. 婚礼宴席设计与制作；
2. 生日宴席设计与制作；
3. 答谢宴席设计与制作；
4. 庆祝宴席设计与制作。
理论知识：
1. 原料的鉴别；
2. 宴席菜品搭配原则和选择方法；
3. 主题宴席菜肴品种、口味和烹制方法；
4. 主题宴席菜肴上菜原则和排布方法；
5. 主题宴席菜肴造型、颜色、营养搭配方法及原则；
6. 食品安全、卫生规范等知识。
四、主题宴席设计与制作任务的验收交付
实践知识：

续表

1. 通过看、闻、尝等对主题宴席菜肴进行质量自检； 2. 主题宴席菜肴的现场验收和交付。 理论知识： 1. 成本核算知识； 2. 营养配餐知识； 3. 主题宴席菜肴感官检查方法与技巧。 五、主题宴席设计与制作任务的总结反馈 实践知识： 1. 主题宴席成本调整； 2. 主题宴席菜品数量、品种、原料及口味的调整。 理论知识： 1. 成本核算技巧； 2. 总结反馈方法。 六、通用能力、职业素养、思政素养 自主学习、自我管理、信息检索、理解与表达、交往与合作、创新思维、解决问题等通用能力，安全意识、营养卫生意识、规范意识、效率意识、成本意识、环保意识、质量意识、市场意识、服务意识、美学素养等职业素养，以及文化自信、劳模精神、劳动精神、工匠精神等思政素养。

参考性学习任务

序号	名称	学习任务描述	参考学时
1	婚礼宴席设计与制作	某酒店预订部门接到10桌婚礼宴席订单，用餐人数为每桌12人，每桌用餐标准为3 600元，1个月后到店用餐。用餐人员来自全国各地，顾客要求整体口味适中、菜肴量足，菜肴装盘干净、外形美观。 学生从教师处接受任务后，明确宴席规模、预算等信息和菜式、口味等需求，计算成本并依据婚宴主题设计菜单；与教师沟通后，修改并确认菜单；订购原料，分配人员工作并安排制作顺序；组织菜肴制作，根据各个菜品的要求进行原料的初加工、细加工、菜肴组配，按照上菜顺序依次进行冷菜、热菜、面点和水果制作等，控制出餐质量和时间；菜肴检查合格后交付教师验收。 在婚宴设计和制作过程中，严格执行企业作业规程和“6S”管理规定，参照环保、卫生要求进行实施，合理把握菜肴数量和成本，避免浪费，按质按量制作产品。	36

续表

2	生日宴席设计与制作	某酒店预订部门接到一桌生日宴席订单，用餐人数为10人，用餐标准为2 000元，1天后到店用餐。用餐人员为顾客家人，包括年近古稀的老人和刚入学的儿童，顾客要求提供清淡、易消化的菜品，同时提出对海鲜过敏，不需要相关菜品。 学生从教师处接受任务后，明确宴席规模、预算等信息和菜式、口味等需求，依据生日宴主题和顾客个性化需求设计菜单；与教师沟通后，修改并确认菜单；订购原料、分配人员工作并安排制作顺序；组织菜肴制作，根据各个菜品的要求进行原料的初加工、细加工、菜肴组配，按照上菜顺序依次进行冷菜、热菜、面点和水果制作等，控制出餐质量和时间；菜肴检查合格后交付教师验收。 在生日宴设计和制作过程中，严格执行企业作业规程和“6S”管理规定，参照环保、卫生要求进行实施，合理把握菜肴数量和成本，避免浪费，按质按量制作产品。	72
3	答谢宴席设计与制作	某酒店预订部门接到一桌答谢宴席订单，用餐人数为8人，用餐标准为人均400元，2天后到店用餐。用餐人员均为顾客的好友且来自沿海地区，偏好食用海鲜，顾客要求菜肴装盘精美，体现主人热情好客、感谢之情。 学生从教师处接受任务后，明确宴席规模、预算等信息和菜式、口味等需求，依据答谢宴主题和顾客个性化需求设计菜单；与教师沟通后，修改并确认菜单；订购原料、分配人员工作并安排制作顺序；组织菜肴制作，根据各个菜品的要求进行原料的初加工、细加工、菜肴组配，按照上菜顺序依次进行冷菜、热菜、面点和水果制作等，控制出餐质量和时间；菜肴检查合格后交付教师验收。 在答谢宴设计和制作过程中，严格执行企业作业规程和“6S”管理规定，参照环保、卫生要求进行实施，合理把握菜肴数量和成本，避免浪费，按质按量制作产品。	36
4	庆祝宴席设计与制作	某酒店预订部门接到一桌庆祝宴席订单，用餐人数为8人，用餐标准为2 500元，1天后到店用餐。用餐人员为顾客的生意伙伴且喜好饮酒，顾客要求菜肴搭配便于佐酒，装盘精美、口味多样，体现主人喜悦的心情。 学生从教师处接受任务后，明确宴席规模、预算等信息和菜式、口味等需求，依据庆祝宴主题和顾客个性化需求设计菜单；与教师沟通后，修改并确认菜单；订购原料、分配人员工作并安排制作顺序；组织菜肴制作，根据各个菜品的要求进行原料的初加工、细加工	72

续表

4	庆祝宴席设计与制作	工、菜肴组配，按照上菜顺序依次进行冷菜、热菜、面点和水果制作等，控制出餐质量和时间；菜肴检查合格后交付教师验收。 在庆祝宴设计和制作过程中，严格执行企业作业规程和“6S”管理规定，参照环保、卫生要求进行实施，合理把握菜肴数量和成本，避免浪费，按质按量制作产品。	

教学实施建议

1. 师资要求

任课教师需具有主题宴席设计与制作的实践经验，具备主题宴席设计与制作一体化课程教学设计与一体化课程教学资源选择与应用等能力，并具备中式烹调师一级及以上的职业资格。

2. 教学组织方式方法建议

采用任务导向教学方法。为确保教学安全，提高教学效果，建议采用分组教学的形式（6~8人/组）；在完成工作任务的过程中，教师需加强示范与指导，注重学生职业素养和规范操作的培养。

3. 教学资源配置建议

（1）教学场地

中式烹调一体化学习工作站需具备良好的安全性能、照明和通风条件。可分为集中教学区、分组实践区、信息检索区、工具存放区和成果展示区，并配备相应的多媒体教学设备，面积以至少同时容纳30人开展教学活动为宜。

（2）工具、材料、设备

按组配备：菜刀、斩刀、削皮刀、砧板、磨刀石、炒锅、锅架、炒勺、锅铲、油盆、调味盒、调味勺、汤勺、筷子、毛巾、各式菜碟等工具；炉灶、蒸柜、冰箱、荷台、砧板台、水槽、菜架、抽油烟机、抽风机、空调、煤气泄漏检测、防火防爆检测等设备。

（3）教学资料

宴席设计与菜品开发、中式烹调师（技师、高级技师）等教材及相应的工作页、信息页、教学课件、酒店菜谱，各类宴席菜单、任务单（点菜单）、意见反馈表、操作规程、典型案例、技术规范、技术标准和数字化资源等。

4. 教学管理制度

执行一体化教学场所的管理规定，如需要进行校外课程实习和岗位实习，应严格遵守生产性实训基地、企业实习等管理规章制度。

教学考核要求

本课程考核采用过程性考核与终结性考核相结合的方式，课程考核成绩 = 过程性考核 ×60%+ 终结性考核 ×40%。

1. 过程性考核（60%）

过程性考核成绩由4个参考性学习任务考核成绩构成。其中，婚礼宴席设计与制作、生日宴席设计与制作、答谢宴席设计与制作、庆祝宴席设计与制作的考核成绩占比分别为25%。

上述参考性学习任务的考核应以其学习目标为依据确定考核要点，设计考核项目。考核项目可分为技能考核类、学习成果类和通用能力观察类等类别，通过细化其评分细则，分别从专业能力、通用能力等维度对学生学习情况进行考核。

（1）技能考核类考核项目包括工具和食材的选用、主要烹饪设备的操作、原料初加工的执行与制作、主题宴席菜肴的制作、菜品质量的检验等关键操作技能和心智技能。

（2）学习成果类考核项目涉及各学习环节产出的学习成果，可运用原料清单、辅料清单、调料清单、主题宴席设计与制作工艺流程图、标准菜谱、菜品质量卡、海报、实训日志、主题宴席设计与制作设计图、思维导图、工作计划、主题宴席菜单、主题宴席中的各种菜肴、面点半成品和成品等多种形式。

（3）通用能力观察类考核项目包括与厨师长和销售人员明确工作内容、工作流程、制作工艺、人员安排，预估酒店供应能力，了解顾客需求，个性化指导符合宴席主题的主题宴席菜单，考核学生沟通合作、信息检索、统筹安排等通用能力；核算宴席成本，确定宴席菜品原料构成、加工方法及工艺流程、组配要求、验收标准和人员安排等，考核学生市场意识、成本意识、营养均衡意识、创新思维、主题宴席设计元素的和谐搭配意识等素养；按照菜品数量、质量、上菜顺序和菜肴成品标准进行烹制并装饰点缀成品，考核学生质量管理、过程控制、效率意识等素养；认真按时保质完成整个工作任务，考核学生诚信敬业、精益求精等素养。

2. 终结性考核（40%）

学生根据任务情境要求，对主题宴席进行设计与制作，按照企业标准规范，在规定时间内完成任务操作，确保宴席设计符合成本核算。

考核任务案例：生日宴席的设计与制作

【情境描述】

某酒店预订部门接到订单，为一名 10 岁的儿童预订一桌生日宴，顾客人数为 10 人，其中有 4 名儿童、6 名成人，用餐标准为 3 000 元，3 天后到店就餐。由于宴席中儿童较多，要求菜肴口味清淡，菜肴量足，装盘干净，没有装饰要求。请按照上述任务要求，完成此宴席的设计与制作。

【任务要求】

根据任务情境描述，在规定时间内完成生日宴席设计与制作。

1. 收到任务后，根据酒店实际情况和顾客要求，小组成员共同合作设计宴席菜单，合理计算成本，设计出数量适宜、营养均衡、搭配合理、有时令特色又符合主题的宴席菜单。设计完成后将菜单交给教师进行评判；

2. 在制作菜肴前，再次确认菜单中需要制作的菜肴，组织安排菜肴制作，根据各个菜品的要求进行原料的初加工、刀工处理、菜肴组配、冷菜制作、热菜制作、面点制作、水果制作等；

3. 根据主题宴席设计与制作的情况，完成对宴席各个菜肴的感官评估，以及对菜肴设计与制作遵循合理性原则进行评估；

4. 根据评估结果，对宴席设计不合理的地方进行适当调整；

5. 撰写任务总结报告。

【参考资料】

完成上述任务时，可以使用所有常见的教学资料，如工作页、信息页、教材、设备使用说明书、网络资源等。

六、实施建议

（一）师资队伍

1. 师资队伍结构。应配备一支与培养规模、培养层级和课程设置相适应的业务精湛、素质优良、专兼结合的工学一体化教师队伍。中、高级技能层级的师生比不低于1∶20，兼职教师人数不得超过教师总数的三分之一，具有企业实践经验的教师应占教师总数的20%以上；预备技师（技师）层级的师生比不低于1∶18，兼职教师人数不得超过教师总数的三分之一，具有企业实践经验的教师应占教师总数的25%以上。

2. 师资资质要求。教师应符合国家规定的学历要求并具备相应的教师资格。承担中、高级技能层级工学一体化课程教学任务的教师应具备高级及以上职业技能等级；承担预备技师（技师）层级工学一体化课程教学任务的教师应具备技师及以上职业技能等级。

3. 师资素质要求。教师思想政治素质和职业素养应符合《中华人民共和国教师法》和教师职业行为准则等要求。

4. 师资能力要求。承担工学一体化课程教学任务的教师应具有独立完成工学一体化课程相应学习任务的工作实践能力。三级工学一体化教师应具备工学一体化课程教学实施、工学一体化课程考核实施、教学场所使用管理等能力；二级工学一体化教师应具备工学一体化学习任务分析与策划、工学一体化学习任务考核设计、工学一体化学习任务教学资源开发、工学一体化示范课设计与实施等能力；一级工学一体化教师应具备工学一体化课程标准转化与设计、工学一体化课程考核方案设计、工学一体化教师教学工作指导等能力。一级、二级、三级工学一体化教师比以1∶3∶6为宜。

（二）场地设备

教学场地应满足培养要求中规定的典型工作任务实施和相应工学一体化课程教学的环境及设备设施要求，同时应保证教学场地具备良好的安全、照明和通风条件。其中校内教学场地和设备设施应能支持资料查阅、教师授课、小组研讨、任务实施、成果展示等活动的开展；企业实训基地应具备工作任务实践与技术培训等功能。

其中，校内教学场地和设备设施应按照不同层级技能人才培养要求中规定的典型工作任务实施要求和工学一体化课程教学需要进行配置。具体包括如下要求：

1. 实施“烹饪原料加工”工学一体化课程的学习工作站，应配备操作台、水池、储物架、冰箱等设备，供水、供电、上下水、排风、控制柜、墙插等设施，中式厨刀、配菜盆、磨刀石、墩子、烹饪加工原料等工具材料，以及智慧黑板、计算机等多媒体教学设备。

2. 实施“基础热菜制作”“复杂热菜制作”“特色热菜制作”工学一体化课程的学习工作站，应配备操作台、水池、储物架、灶台、灶具、炒锅、蒸箱、烤箱、炸炉、汤锅、冰箱等设备，供水、供电、上下水、排风、控制柜、墙插等设施，煤气泄漏检测、灭火器和灭火毯等消防设施；砧板、刀具、餐具、厨具、盛器、菜单相关的热菜制作原料、调料等工具材料，以及智慧黑板、计算机等多媒体教学设备。

3. 实施“基础冷菜制作”“复杂冷菜制作”“特色冷菜制作”工学一体化课程的学习工作站，应配备操作台、水池、储物架、灶台、灶具、炒锅、蒸箱、烤箱、汤锅、冰箱、制冰机、急冻柜等设备，供水、供电、上下水、排风、控制柜、墙插等设施，煤气泄漏检测、灭火器和灭火毯等消防设施；砧板、刀具、餐具、厨具、盛器、菜单相关的冷菜制作原料、调料等工具材料，以及智慧黑板、计算机等多媒体教学设备。

4. 实施“基础雕刻与菜肴装饰”“整型雕刻与盘饰制作”“主题雕刻设计与制作”工学一体化课程的学习工作站，应配备操作台、水池、储物架等设备，供水、供电、上下水、排风、控制柜、墙插等设施，雕刻刀具、餐具、盛器、厨具、磨刀石、墩子、雕刻所用原料等工具材料，以及智慧黑板、计算机等多媒体教学设备。

5. 实施“基础宴席菜单设计”“主题宴席设计与制作”工学一体化课程的学习工作站，应配备操作台、水池、储物架、灶台、灶具、炒锅、蒸箱、烤箱、炸炉、汤锅、冰箱、制冰机、急冻柜等设备，供水、供电、上下水、排风、控制柜、墙插等设施，煤气泄漏检测、灭火器和灭火毯等消防设施，纸笔、砧板、刀具、餐具、厨具、盛器、菜单相关的菜肴制作原料、调料等工具材料，以及智慧黑板、计算机等多媒体教学设备。

上述学习工作站建议每个工位以4～6人学习与工作的标准进行配置。

（三）教学资源

教学资源应按照培养要求中规定的典型工作任务实施要求和工学一体化课程教学需要进行配置。具体包括如下要求：

1. 实施“烹饪原料加工”工学一体化课程宜配置烹饪原料加工技术、中式烹调师（初中高）、烹调基础知识等教材及相应的工作页、信息页、教学课件、菜谱、任务单（点菜单）、意见反馈表、操作规程、典型案例、技术规范、技术标准和数字化资源等。

2. 实施“基础热菜制作”“复杂热菜制作”“特色热菜制作”工学一体化课程宜配置烹调技术、中式烹调师（初中高）、中式烹调师（技师、高级技师）等教材及相应的工作页、信息页、教学课件、菜谱、任务单（点菜单）、材料清单、工作记录单、菜品质量标准卡、意见反馈表、操作规程、典型案例、技术规范、技术标准和数字化资源等。

3. 实施“基础冷菜制作”“复杂冷菜制作”“特色冷菜制作”工学一体化课程宜配置烹调技术、中式烹调师（初中高）、中式烹调师（技师、高级技师）等教材及相应的工作页、信息页、教学课件、菜谱、任务单（点菜单）、材料清单、工作记录单、菜品质量标准卡、意见反馈表、操作规程、典型案例、技术规范、技术标准和数字化资源等。

4. 实施“基础雕刻与菜肴装饰”“整型雕刻与盘饰制作”“主题雕刻设计与制作”工学

一体化课程宜配置冷拼与食品雕刻、中式烹调师（初中高）、中式烹调师（技师、高级技师）等教材及相应的工作页、信息页、教学课件、菜谱、任务单（点菜单）、材料清单、工作记录单、菜品质量标准卡、意见反馈表、操作规程、典型案例、技术规范、技术标准和数字化资源等。

5. 实施“基础宴席菜单设计”“主题宴席设计与制作”工学一体化课程宜配置宴席设计与菜品开发、中式烹调师（技师、高级技师）等教材及相应的工作页、信息页、教学课件、菜谱、各类宴席菜单、任务单（点菜单）、意见反馈表、操作规程、典型案例、技术规范、技术标准和数字化资源等。

（四）教学管理制度

本专业应根据培养模式提出的培养机制实施要求和不同层级运行机制需要，建立有效的教学管理制度，包括学生学籍管理、专业与课程管理、师资队伍管理、教学运行管理、教学安全管理、岗位实习管理、学生成绩管理等文件。其中，中级技能层级的教学运行管理宜采用“学校为主、企业为辅”的校企合作运行机制；高级技能层级的教学运行管理宜采用“校企双元、人才共育”的校企合作运行机制；预备技师（技师）层级的教学运行管理宜采用“企业为主、学校为辅”的校企合作运行机制。

七、考核评价

（一）综合职业能力评价

本专业可根据不同层级技能人才培养目标及要求，科学设计综合职业能力评价方案并对学生开展综合职业能力评价。评价时应遵循技能评价的情境原则，让学生完成源于真实工作的案例性任务，通过对其工作行为、工作过程和工作成果的观察分析，评价学生的工作能力和工作态度。

评价题目应来源于本职业（岗位或岗位群）的典型工作任务，是通过对从业人员实际工作内容、过程、方法和结果的提炼概括形成的具有普遍性、稳定性和持续性的工作项目。题目可包括仿真模拟、客观题、真实性测试等多种类型，并可借鉴职业能力测评项目以及世界技能大赛项目的设计和评估方式。

（二）职业技能评价

本专业的职业技能评价应按照现行职业资格评价或职业技能等级认定的相关规定执行。中级技能层级宜取得中式烹调师四级 / 中级工职业技能等级证书；高级技能层级宜取得中式烹调师三级 / 高级工职业技能等级证书；预备技师（技师）层级宜取得中式烹调师二级 / 技师职业技能等级证书。

（三）毕业生就业质量分析

本专业应对毕业后就业一定时间（毕业半年、毕业一年等）的毕业生开展就业质量调查，宜从毕业生规模、性别、培养层次、持证比例等多维度分析毕业生总体就业率、专业对口就业率、稳定就业率、就业行业岗位分布、就业地区分布、薪酬待遇水平以及用人单位满意度等。通过开展毕业生就业质量分析，持续提升本专业建设水平。

责任编辑　刘莉
责任校对　洪娟
　　　　　朱岩
责任设计　郭艳

ISBN 978-7-5167-6299-8

定价：25.00 元